U0215054

仓颉语言元编程

张　磊◎著

清華大學出版社
北京

内 容 简 介

本书从元编程的概念开始，逐步讲解了仓颉元编程的基础知识、抽象语法树的常用用法，最后介绍了如何定义和使用仓颉宏。

本书共12章。第1章和第2章介绍元编程，第3～11章详细讲解词法单元、表达式、类型、基础声明、函数声明、class声明、泛型与模式匹配、代码结构、宏，第12章为宏示例实战解析。

本书以仓颉元编程初学者为对象，由浅入深、从基础概念到实际应用，每部分都有对应的示例代码，有助于读者快速提升仓颉元编程的能力。

本书面向有一定仓颉语言基础的开发者，对元编程感兴趣的仓颉语言开发者，及对标 Java 等语言注解，希望深入了解仓颉宏实现方式的开发者。

图书在版编目（CIP）数据

仓颉语言元编程/张磊著. —北京：清华大学出版社，2024.6
（开发者成长丛书）
ISBN 978-7-302-63793-6

Ⅰ. ①仓…　Ⅱ. ①张…　Ⅲ. ①程序语言—程序设计　Ⅳ. ①TP312

中国国家版本馆 CIP 数据核字(2023)第 105801 号

责任编辑：赵佳霓
封面设计：刘　键
责任校对：时翠兰
责任印制：杨　艳

出版发行：清华大学出版社
网　　址：https://www.tup.com.cn，https://www.wqxuetang.com
地　　址：北京清华大学学研大厦 A 座　　**邮　　编**：100084
社 总 机：010-83470000　　**邮　　购**：010-62786544
投稿与读者服务：010-62776969，c-service@tup.tsinghua.edu.cn
质量反馈：010-62772015，zhiliang@tup.tsinghua.edu.cn
课件下载：https://www.tup.com.cn，010-83470236
印 装 者：北京鑫海金澳胶印有限公司
经　　销：全国新华书店
开　　本：186mm×240mm　　**印　　张**：12.5　　**字　　数**：273 千字
版　　次：2024 年 7 月第 1 版　　**印　　次**：2024 年 7 月第1次印刷
印　　数：1～2000
定　　价：59.00 元

产品编号：099940-01

PREFACE

前　　言

在企业级的软件开发市场，Java 语言当前处于绝对领先的位置，其中的原因比较多，例如开放性、生态等。除此之外，Java 语言在开发过程中的易用性，也为此做出了贡献，例如 Java 中的注解，通过简单的一个标记，就能完成复杂的功能，而 Spring 等第三方框架的出现，更是让注解如虎添翼，大大简化了 Java 程序的开发工作，初学者经过一段时间的培训，就可以使用基于注解的 Spring 进行企业级开发。

仓颉语言作为一种面向应用层的通用开发语言，和 Java 的开发范围高度重合，在对标 Java 注解这一方向上，仓颉的宏在性能上有一定的优势，因为仓颉的宏是在编译期展开的，不需要运行时处理，这样，性能会更高一点。不过，Java 注解和仓颉的宏并不完全一致，各有各的特点，使用得当都可以简化开发工作。

元编程本身有一定的复杂性，针对仓颉语言来讲，需要了解抽象语法树(AST)的基本概念和用法，然后才能更好地使用仓颉宏。市面上介绍元编程的书籍不多，笔者在实际使用仓颉宏解决开发问题时感受到了仓颉宏的巨大潜力，在和清华大学出版社沟通后，决定写一本关于仓颉语言元编程的入门书籍，希望能帮助读者更好更快地掌握仓颉宏的用法。

本书主要内容

第 1 章元编程简介，介绍了什么是元编程及两种主要元编程的实现模式。

第 2 章仓颉元编程初探，通过对一个典型问题的两种解决方式对比，展示仓颉元编程的强大能力。

第 3 章词法单元，词法单元是抽象语法树的基础，本章介绍了词法单元的构造方式及如何使用。

第 4 章表达式，在仓颉语言中绝大多数对象是表达式，本章详细介绍了常用的表达式及其成员，并通过示例演示成员函数的用法。

第5章类型，仓颉语言包括多种数据类型，这些数据类型在抽象语法树中由对应的类型表示，本章详细介绍了几种主要的类型。

第6章基础声明，介绍了变量和接口声明的成员函数及使用方式。

第7章函数声明，介绍了普通函数声明与 main 函数声明的使用方式，并通过一个示例演示面向切面编程思想的实现。

第8章 class 声明，介绍了与 class 声明相关的成员函数声明、主构造函数声明及属性声明。

第9章泛型与模式匹配，介绍了在元编程中泛型及模式匹配的使用，重点介绍了6种常用的模式。

第10章代码结构，介绍了文件节点中包节点和导入节点的用法，建立了抽象语法树的完整轮廓。

第11章宏，介绍了宏的定义及调用方式，通过示例演示宏的用法。

第12章宏示例实战解析，详细解析了第2章演示的宏的实现代码，并介绍了如何增强该宏的功能。

本书特色

(1) 易于入门。使用通俗易懂的示例讲解元编程的基础概念，即使对仓颉元编程不太了解，也可以通过脚本语言或者 Java 语言的示例了解元编程。

(2) 培养兴趣。通过普通编程和仓颉元编程对同一问题的解决方案对比，展示仓颉元编程的强大能力，从而培养读者学习元编程的兴趣。

(3) 循序渐进。按照知识点自身的依赖关系，逐步掌握抽象语法树的各个知识点，在本书的最后才水到渠成地学习仓颉宏的知识。

(4) 丰富的代码示例，简单易行的验证步骤。针对每章节的内容都精心设计了对应的示例代码，代码结构简洁明了，包括详细的注释和说明，均可以独立运行。所有与仓颉元编程直接相关的示例都同时支持 Linux 和 Windows 环境，演示步骤按照 Windows 环境编写，易于操作。

扫描目录上方的二维码可下载本书源代码。

致谢

感谢以华为编程语言实验室为代表的仓颉语言开发者，你们多年默默无闻的工作创造了仓颉语言。

感谢仓颉语言社区众多第三方开发者，你们为仓颉社区生态的发展壮大贡献了力量，也让我从中学习了更多的仓颉语言开发知识。

特别感谢多年合作的清华大学出版社赵佳霓编辑，即使在书籍出版过程中遇到了困难和挫折，也始终如一地坚持高标准的书稿审校工作，一字一句地推敲斟酌，为出版高质量的书籍提供了最终的保障。

作 者

2024 年 5 月于青岛

CONTENTS

目　　录

本书源代码

第1章

元编程简介

1.1 什么是元编程

元编程是对英文 metaprogramming 的翻译，其中，英文前缀 meta 有超越、更上一层的含义，在它的希腊语来源中，是“超出”或者“在……之后”的意思。通常来讲，编程的操作对象是数据，而元编程的操作对象是程序自身或者另一段程序。元编程可以理解为关于编程的编程，或者以操作对象为程序的编程，在“元”的理解上，与之类比的还有元数据 metadata，metadata 可以理解为描述数据的数据。下面通过两段 Shell 脚本，演示元编程的基本概念。

1.1.1 普通编程演示

假如要输出从 0 到 10 的偶数，具体的操作步骤如下。

(1) 登录 Linux 服务器，使用 vim 命令创建 even.sh 脚本文件：

```
vim even.sh
```

(2) 在 even.sh 脚本文件中输入如下脚本，然后保存并退出：

```
#Chapter1/even.sh

#!/bin/bash
#even program
for ((i = 0; i <= 10; i++)); do
   if [ $(($i % 2)) -eq 0 ]; then
      echo "$i 是偶数"
   fi
done
```

(3) 设置脚本文件 even. sh 的可执行权限,命令如下:

```
chmod +x even.sh
```

(4) 执行脚本文件 even. sh,命令及回显如下:

```
./even.sh
0 是偶数
2 是偶数
4 是偶数
6 是偶数
8 是偶数
10 是偶数
```

这样,就输出了从 0 到 10 的偶数,其中 even. sh 是实现该功能的脚本文件。

1.1.2 元编程演示

本次演示要实现这样一段脚本,该脚本接受两个参数,第 1 个参数是文件名称,第 2 个参数是数值,执行该脚本后,将生成第 1 个参数指定的文件,在该文件被执行时,将输出从 0 到第 2 个参数指定数值以内的偶数,具体步骤如下。

(1) 登录 Linux 服务器,使用 vim 命令创建 meta. sh 脚本文件:

```
vim meta.sh
```

(2) 在 meta. sh 脚本文件中输入如下脚本,然后保存并退出:

```
#Chapter1/meta.sh

#!/bin/bash
#meta program
echo '#!/bin/bash' >> $1
echo '#evenprogram' >> $1

echo "for ((i=0; i<= $2 ; i++)) do" >> $1
echo '    if [ $[ $i % 2 ] -eq 0 ]; then' >> $1
echo '        echo "$i 是偶数"' >> $1
echo '    fi' >> $1
echo 'done' >> $1

chmod +x $1
```

（3）设置脚本文件 meta.sh 的可执行权限，命令如下：

```
chmod +x meta.sh
```

（4）执行脚本文件 meta.sh，第 1 个参数为脚本文件 even.sh，第 2 个参数为 10，命令如下：

```
./meta.sh even.sh 10
```

这时，查看当前目录，可以看到自动生成了脚本文件 even.sh，如图 1-1 所示。

```
root@VM-4-7-ubuntu:/data/code/demo/src# ./meta.sh even.sh 10
root@VM-4-7-ubuntu:/data/code/demo/src# ll
total 16
drwxr-xr-x 2 root root 4096 Mar  2 20:11 ./
drwxr-xr-x 3 root root 4096 Oct 27 07:35 ../
-rwxr-xr-x 1 root root  129 Mar  2 20:11 even.sh*
-rwxr-xr-x 1 root root  274 Mar  2 20:11 meta.sh*
root@VM-4-7-ubuntu:/data/code/demo/src#
```

图 1-1　生成脚本文件(1)

（5）执行脚本文件 even.sh，命令及回显如下：

```
./even.sh
0 是偶数
2 是偶数
4 是偶数
6 是偶数
8 是偶数
10 是偶数
```

这样就输出了从 0 到 10 的偶数。

（6）再次执行脚本文件 meta.sh，第 1 个参数为脚本文件 even15.sh，第 2 个参数为 15，命令如下：

```
./meta.sh even15.sh 15
```

这时再查看当前目录，可以看到自动生成了脚本文件 even15.sh，如图 1-2 所示。

```
root@VM-4-7-ubuntu:/data/code/demo/src# ./meta.sh even15.sh 15
root@VM-4-7-ubuntu:/data/code/demo/src# ll
total 20
drwxr-xr-x 2 root root 4096 Mar  2 20:15 ./
drwxr-xr-x 3 root root 4096 Oct 27 07:35 ../
-rwxr-xr-x 1 root root  129 Mar  2 20:15 even15.sh*
-rwxr-xr-x 1 root root  129 Mar  2 20:11 even.sh*
-rwxr-xr-x 1 root root  274 Mar  2 20:11 meta.sh*
root@VM-4-7-ubuntu:/data/code/demo/src#
```

图 1-2　生成脚本文件(2)

(7) 执行脚本文件 even15.sh,命令及回显如下:

```
./even15.sh
0 是偶数
2 是偶数
4 是偶数
6 是偶数
8 是偶数
10 是偶数
12 是偶数
14 是偶数
```

这样就输出了从 0 到 15 的偶数。

从上述步骤可以看出,对于脚本文件 meta.sh,它本身不会输出偶数,但是可以根据需要生成另外一段脚本程序,它生成的脚本程序可以执行偶数的输出功能。也就是说,meta.sh 是一段生成程序的程序,编写 meta.sh 程序的过程就是元编程。

因为 meta.sh 输出的是脚本,所以可以查看脚本的实际命令,以脚本文件 even15.sh 为例,查看脚本的命令如下:

```
cat even15.sh
```

输出如图 1-3 所示。

```
root@VM-4-7-ubuntu:/data/code/demo/src# cat even15.sh
#!/bin/bash
# evenprogram
for ((i=0; i<=15 ; i++)) do
    if [ $[ $i % 2 ] -eq 0 ]; then
        echo "$i 是偶数"
    fi
done
root@VM-4-7-ubuntu:/data/code/demo/src#
```

图 1-3 查看脚本文件

从图中可以看出,脚本文件 even15.sh 中的内容是 meta.sh 根据输入参数生成的命令序列,具体的命令为通过循环遍历从 0 到 15 的数字,然后对该数字取 2 的余数并判断是否等于 0,如果是 0,则表示此数为偶数,然后输出该数字。

1.2 元编程的实现模式

1.1 节的元编程演示只是元编程的一种实现形式,在实际编程中元编程有多种多样的表现,本节将介绍两种主要的元编程实现模式,一种是宏,动态执行包含编程命令的字符串表达式；另一种是反射，通过API将运行时对象的内部信息暴露于编程代码中。

1.2.1 宏

宏是大部分编程语言提供的元编程实现形式，按照维基百科的解释，宏的定义如下：

"计算机科学里的宏是一种抽象(Abstraction)，它根据一系列预定义的规则替换一定的文本模式。解释器或编译器在遇到宏时会自动对这一模式进行替换。对于编译语言，宏展开在编译时发生，进行宏展开的工具常被称为宏展开器。宏这一术语也常常被用于许多类似的环境中，它们源自宏展开的概念，这包括键盘宏和宏语言。在绝大多数情况下，'宏'这个词的使用暗示着将小命令或动作转换为一系列指令。"

根据上述宏的定义，可以把宏的功能类比为函数的功能，它用于完成输入/输出的映射，只是它的输入为代码片段，输出也是新的代码片段，这一过程通常被称为宏展开。宏展开后生成的代码有可能还会包含宏定义，所以，宏展开有可能会进行多次，直到最终生成的代码中没有宏定义为止。

1.2.2 反射

反射是高级语言提供的一种元编程实现形式，在维基百科中的定义如下：

"反射是指计算机程序在运行时可以访问、检测和修改它本身状态或行为的一种能力。用比喻来讲，反射就是程序在运行时能够'观察'并且修改自己的行为。要注意'反射'和'内省'的关系。内省机制仅指程序在运行时对自身信息(称为元数据)进行检测；反射机制不仅包括要能在运行时对程序自身信息进行检测，还要求程序能进一步根据这些信息改变程序的状态或结构。"

反射最大的特点是运行时执行，这一点和宏不同，在面向对象的语言中，使用反射可以在编译期间不知道接口、字段、方法的名称的情况下在运行时检查类、接口、字段和方法。它还允许根据判断结果进行新对象的实例化或者调用不同的方法。反射还可以使给定的程序动态地适应不同的运行情况。

下面通过一个Java语言示例演示反射的用法，步骤如下。

(1) 在包meta.demo下创建Java代码文件ReflectDemo.java和AppDemo.java，代码如下：

```
//Chapter1/meta/demo/ReflectDemo.java

package meta.demo;

import java.text.SimpleDateFormat;
```

```
import java.util.Date;

public class ReflectDemo {
    public void reflect() {
        System.out.println("Hello reflect!");
    }

    public void printNow() {
        Date date = new Date();
        SimpleDateFormat dateFormat = new SimpleDateFormat("yyyy-MM-dd hh:mm:ss");
        System.out.println(dateFormat.format(date));
    }

    public void printValue(String value) {
        System.out.println(value);
    }
}
```

```
//Chapter1/meta/demo/AppDemo.java

package meta.demo;
import java.lang.reflect.Method;

public class AppDemo {
    public static void main(String[] args) {
        try {
            //加载 meta.demo.ReflectDemo 类并获取实例
            Object foo = Class.forName("meta.demo.ReflectDemo").getDeclaredConstructor().
newInstance();
            //遍历本类中定义的方法
            for (Method method : foo.getClass().getDeclaredMethods()) {
                //如果该方法不需要参数,则打印名称并调用
                if (method.getParameterCount() == 0) {
                    System.out.println("Call method:" + method.getName());
                    method.invoke(foo);
                }
            }
        } catch (Exception e) {
            System.out.println(e.getMessage());
        }
    }
}
```

其中，在类ReflectDemo中定义了3种方法，其中reflect和printNow方法不需要传入参数，但printValue方法需要一个字符串参数。类AppDemo会加载ReflectDemo，但是不直接调用它的实例方法，而是通过反射的方式，遍历该实例的方法，然后进行调用。

（2）如果使用IDE编译，则按照IDE要求对上述代码编译运行即可。如果不使用IDE而是使用命令行进行编译运行，则需要后面的步骤（3）、（4）、（5）。

（3）执行命令行编译，指令如下：

```
javac AppDemo.java ReflectDemo.java
```

（4）创建meta/demo文件夹并将编译后的文件复制到该文件夹，命令如下：

```
mkdir -p meta/demo
cp AppDemo.class ReflectDemo.class meta/demo/
```

（5）执行的命令及回显如下：

```
java meta.demo.AppDemo
Call method:reflect
Hello reflect!
Call method:printNow
2023-03-05 07:18:43
```

回显表明，在不知道方法名称的情况下，通过反射成功地进行了方法的调用。

注意：本节部分内容参考引用了公众号“编程语言Lab”的内容；关于概念定义的部分内容参考引用了维基百科，网址为https://zh.wikipedia.org/，依据“CC BY-SA 3.0”许可证进行授权。要查看该许可证，可访问https://creativecommons.org/licenses/by-sa/3.0/。

第 2 章

仓颉元编程初探

2.1 应用运行日志问题

在企业级开发中，应用程序的调试是一项重要的工作，不管是在开发期间还是在应用部署后，应用的运行日志都是调试的重要依据，特别是在应用部署以后，因为很难联机调试，所以日志就成了能够获取应用运行信息的唯一来源。

那么，如何记录应用运行日志呢？下面通过一段模拟代码，演示需要记录日志的应用。

```
//Chapter2/demo/src/biz_demo.cj

main(): Unit {
    //模拟登录
    if (!login("admin", "qD@0532")) {
        println("用户名或者密码错误!")
        return
    }

    //添加图书
    let book = Book("仓颉语言实战")

    //模拟入库
    book.input(88)

    //模拟出库
    book.output(66)

    //查看库存
    println(book.stock)
}
```

```
//登录
func login(userName: String, password: String): Bool {
    let user = User.getUserByUserName(userName)
    return user.passwd == password
}

//用户
public class User {
    public User(var userId: Int64, var userName: String, var passwd: String) {}

    //根据用户名称查找用户信息
    public static func getUserByUserName(userName: String) {
        return User(1, userName, "qD@0532")
    }
}

//图书
public class Book {
    public Book(let bookName: String, var stock: Int64) {}

    public init(bookName: String) {
        this.bookName = bookName
        this.stock = 0
    }

    //入库
    public func input(count: Int64) {
        this.stock += count
        return stock
    }

    //出库
    public func output(count: Int64) {
        this.stock -= count
        return stock
    }
}
```

在这段示例代码里，演示了用户登录、图书入库、出库等函数的用法，但是没有记录程序运行的日志信息，下一步需要完善的就是添加运行日志，采取的方式是同时记录函数的调用时间、传入的参数和返回值。在 2.2 节和 2.3 节，将分别演示记录运行日志的常规解决方法和元编程的解决方法。

2.2 常规解决示例

常规的记录运行日志的方法有多种，一种比较简单的方法是在被调用的函数中记录调用开始和结束的时间，以及函数的实参和返回值，按照这种方法，可以改写 2.1 节的示例代码，改写后的代码如下：

```
//Chapter2/log_demo/src/biz_log.cj

from std import time.*
from std import collection.*
from std import fs.*
from std import io.*
from std import os.posix.*

main(): Unit {
    //模拟登录
    if (!login("admin", "qD@0532")) {
        println("用户名或者密码错误!")
        return
    }

    //添加图书
    let book = Book("仓颉语言实战")

    //模拟入库
    book.input(88)

    //模拟出库
    book.output(66)

    //查看库存
    println(book.stock)
}

//登录
func login(userName: String, password: String): Bool {
    let callTime = Time.now()
    let user = User.getUserByUserName(userName)
```

```
    let result = user.passwd == password
    let endCallTime = Time.now()
    let paramNameValueList = HashMap<String, ToString>([("userName", userName),
("password", password)])
    log2File("login", paramNameValueList, callTime, endCallTime, result)
    return result
}

//用户
public class User {
    public User(var userId: Int64, var userName: String, var passwd: String) {}

    //根据用户名称查找用户信息
    public static func getUserByUserName(userName: String) {
        return User(1, userName, "qD@0532")
    }
}

//图书
public class Book {
    public Book(let bookName: String, var stock: Int64) {}

    public init(bookName: String) {
        this.bookName = bookName
        this.stock = 0
    }

    //入库
    public func input(count: Int64) {
        let callTime = Time.now()
        this.stock += count
        let endCallTime = Time.now()
        let paramNameValueList = HashMap<String, ToString>([("count", count)])
        log2File("input", paramNameValueList, callTime, endCallTime, stock)
        return stock
    }

    //出库
    public func output(count: Int64) {
        let callTime = Time.now()
        this.stock -= count
        let endCallTime = Time.now()
        let paramNameValueList = HashMap<String, ToString>([("count", count)])
        log2File("output", paramNameValueList, callTime, endCallTime, stock)
```

```
        return stock
    }
}

//创建日志内容
func buildLogContent(
    funName: String,
    paramNameValueList: HashMap<String, ToString>,
    callTime: Time,
    endTime: Time,
    result: Any
): String {
    let log_item_list = StringBuilder()

    //日志
    log_item_list.append("----------Function Name : ${funName}--------------\r\n")
    log_item_list.append("Call Time: ${callTime}\r\n")

    for ((paramName, paramValue) in paramNameValueList) {
        log_item_list.append("Param Name: ${paramName} Param Value: ${paramValue}\r\n")
    }

    log_item_list.append("End Call Time: ${endTime}\r\n")
    if (result is ToString) {
        log_item_list.append("result: ${(result as ToString).getOrThrow()} \r\n")
    }

    log_item_list.append("----------------------------------------------------\r\n")

    return log_item_list.toString()
}

//输出到控制台
public func log2Console(
    funName: String,
    paramNameValueList: HashMap<String, ToString>,
    callTime: Time,
    endTime: Time,
    result: Any
) {
    let logContent = buildLogContent(funName, paramNameValueList, callTime, endTime, result)
    println(logContent)
}
```

```
//输出到日志文件
public func log2File(
    funName: String,
    paramNameValueList: HashMap<String, ToString>,
    callTime: Time,
    endTime: Time,
    result: Any
) {
    //要输出的内容
    let logContent = buildLogContent(funName, paramNameValueList, callTime, endTime, result)

    //日志文件名称,使用当前时间命名
    let fileName = getcwd() + "/" + Time.now().toString("yyyyMMdd") + ".log"

    //写入日志文件
    let sw = StringWriter(File(fileName, OpenOption.CreateOrAppend))
    sw.write(logContent)
    sw.flush()
}
```

在这个示例中,提供了函数 log2Console 和 log2File,可以把日志信息分别输出到控制台和日志文件,为了简单起见,本示例只演示了输出到日志文件。具体的编译、运行及查看日志的步骤如下(以 Windows 10 系统环境为例,后续章节的仓颉示例代码,默认也在 Windows 10 系统环境下编译运行,示例代码本身也支持在 Linux 环境下执行,只需根据实际情况微调部分编译或者运行命令)。

(1) 新建 biz_log.cj 代码文件,详细代码参考上例所示。

(2) 编译并运行该文件,命令及回显如下:

```
cjc biz_log.cj
main.exe
22
```

(3) 查看当前目录,可以看到已经生成了以当前日期命名的日志文件,如图 2-1 所示。

图 2-1　日志文件

(4) 打开日志文件,内容如下:

```
----------------Function Name :login------------------
Call Time:2023-03-02T13:15:59Z
Param Name:userName Param Value:admin
Param Name:password Param Value:qD@0532
End Call Time:2023-03-02T13:15:59Z
result:true
----------------------------------------------
----------------Function Name :input------------------
Call Time:2023-03-02T13:15:59Z
Param Name:count Param Value:88
End Call Time:2023-03-02T13:15:59Z
result:88
----------------------------------------------
----------------Function Name :output------------------
Call Time:2023-03-02T13:15:59Z
Param Name:count Param Value:66
End Call Time:2023-03-02T13:15:59Z
result:22
----------------------------------------------
```

日志文件内容表明,各个函数调用的过程已经被记录了下来,包括调用的实参和返回值等信息。

以这种方式记录日志比较直观,缺点主要有两个:

(1) 对原函数代码的修改是侵入性的。

需要修改原先的代码,容易出错,增加了代码的复杂度,可读性降低。以入库函数为例,原来的代码如下:

```
//入库
public func input(count: Int64) {
    this.stock += count
    return stock
}
```

增加了记录日志的功能后,代码如下:

```
//入库
    public func input(count: Int64) {
        let callTime = Time.now()
        this.stock += count
        let endCallTime = Time.now()
```

```
    let paramNameValueList = HashMap<String, ToString>([("count", count)])
    log2File("input", paramNameValueList, callTime, endCallTime, stock)
    return stock
}
```

显而易见，可读性被显著降低，新增代码和原有代码交织在一起，编写时容易出错。

（2）编码工作量较大。

每个要记录日志的函数都要写有针对性的日志代码，在企业级开发中源代码可能包含成百上千个函数，这个工作量非常巨大。

2.3　元编程解决示例

宏是仓颉元编程的一种具体实现，使用自定义宏标记，可以比较完美地解决运行日志问题，这里先给出示例代码并演示使用过程，然后解释宏标记的用法。

```
//Chapter2/log_macro/src/cradle/macro_cradle.cj

macro package cradle

from std import collection.*
from std import ast.*

//输出到控制台标志
let OUT_PUT_CONSOLE = "CONSOLE"

//输出到日志文件标志
let OUT_PUT_LOGFILE = "LOGFILE"

//日志文件名称格式
let LOGFILE_NAME_FORMAT = "yyyyMMdd"

//构造函数名称
let INIT_FUNC_NAME = "init"

//创建执行原函数以前的日志记录 token
func buildPreExecOriFuncLogTokens(funcName: Token, funcParamList: Array<NodeFormat_FuncParam>) {
```

```
    let funcLog = "---------- Function Name : " + funcName.value + " --------- \\r\\n"
    let callLog = "Call time :\ ${Time.now()} \\r\\n"
    var macroPreLog = quote(
        let macro_log_item_list = StringBuilder()
        macro_log_item_list.append($funcLog)
        macro_log_item_list.append($callLog)
    )

    if (funcParamList.size > 0) {
        let paramListLog = "Parameter list: \\r\\n"
        macroPreLog = macroPreLog + quote(
            macro_log_item_list.append($paramListLog)
        )
    }

    for (funcParam in funcParamList) {
        let paramName = funcParam.getIdentifier()
        let paramLog = paramName.value + ":\ ${(" + paramName.value + " as ToString).
getOrThrow()}\\r\\n"
        let macroParam = quote(
            if ( $paramName is ToString) {
              macro_log_item_list.append($paramLog)
            }
        )
        macroPreLog = macroPreLog + macroParam
    }

    return macroPreLog
}

//创建调用原函数的 tokens
func buildCallOriFuncTokens(funcName: Token, funcParamList: Array<NodeFormat_FuncParam>) {
    var callOriFunc = quote( let result = $funcName\()

    var firstParam = true
    for (funcParam in funcParamList) {
        let paramName = funcParam.getIdentifier()
        if (firstParam) {
            callOriFunc = callOriFunc + quote($paramName)
            firstParam = false
        } else {
            callOriFunc = callOriFunc + quote(, $paramName)
        }
    }
```

```
    callOriFunc = callOriFunc + quote(\))

    return callOriFunc
}

//创建执行原函数后的日志记录 token
func buildAfterExecOriFuncLogTokens() {
    let endCallLog = "End Call time :\ ${Time.now()} \\r\\n"
    let returnLog = "result:\ ${(result as ToString).getOrThrow()} \\r\\n"
    let endLine = "------------------------------------------\\r\\n"
    return quote(
        if (result is ToString) {
            macro_log_item_list.append($returnLog)
        }
        macro_log_item_list.append($endCallLog)
        macro_log_item_list.append($endLine)
    )
}

//创建新函数的定义部分
func buildNewFuncDefine(
    funcModify: Tokens,
    funcName: Token,
    funcParamList: Array<NodeFormat_FuncParam>,
    funcReturn: Option<NodeFormat_Type>
) {
    if (let Some(value) = funcReturn) {
        quote(
         $funcModify func $funcName ($funcParamList): $value)
    } else {
        quote(
         $funcModify func $funcName ($funcParamList))
    }
}

//判断输出类型
func checkOutputType(attrs: Tokens): OutPutType {
    var isConsole = false
    var isLogFile = false

    for (item in attrs) {
        if (item.value.toAsciiUpper().equals(OUT_PUT_CONSOLE)) {
            isConsole = true
        } else if (item.value.toAsciiUpper().equals(OUT_PUT_LOGFILE)) {
```

```
            isLogFile = true
        }
    }

    if (isConsole && isLogFile) {
        return OutPutType.ALL
    } else if (isConsole) {
        return OutPutType.CONSOLE
    } else {
        return OutPutType.LOGFILE
    }
}

//创建输出到文件的 tokens
func buildOutPutFileTokens(): Tokens {
    return quote(
            let fileName = getcwd() + "/" + Time.now().toString($(LOGFILE_NAME_FORMAT)) +
".log"
            let sw = StringWriter(File(fileName,OpenOption.CreateOrAppend))
            sw.write(macro_log_item_list)
            sw.flush()
        )
}

//根据输出类型配置创建输出 tokens
func buildOutPutTokens(outPutType: OutPutType): Tokens {
    match (outPutType) {
        case OutPutType.ALL =>
            return buildOutPutFileTokens() + quote(
                println(macro_log_item_list)
            )

        case OutPutType.LOGFILE => return buildOutPutFileTokens()

        case _ =>
            return quote(
                println(macro_log_item_list)
            )
    }
}

//非属性宏
public macro Cradle(oriTokens: Tokens): Tokens {
    replaceOriTokens(OutPutType.LOGFILE, oriTokens)
```

```
}

//属性宏
public macro Cradle(attrs: Tokens, oriTokens: Tokens): Tokens {
    let outPutType = checkOutputType(attrs)
    replaceOriTokens(outPutType, oriTokens)
}

//替换原始类型的代码
func replaceOriTokens(outPutType: OutPutType, oriTokens: Tokens): Tokens {
    let decl = parseDecl(oriTokens)
    if (decl.isFuncDecl() && !decl.isPrimaryCtorDecl()) {
        replaceOriFunction(outPutType, oriTokens)
    } else {
        return oriTokens
    }
}

//替换普通构造函数
func replaceInitFunc(outPutType: OutPutType, funcDel: NodeFormat_FuncDecl, funcName: Token):
Tokens {
    let funcParamList = funcDel.getParamList().getParams()
    var macroPreLog = buildPreExecOriFuncLogTokens(funcName, funcParamList)

    let outPutToken = buildOutPutTokens(outPutType)

    let funcModify = funcDel.getModifiers()
    let funcBody = funcDel.getBody()

    return quote(
        $funcModify init ($funcParamList)
        {
            $macroPreLog
            $outPutToken
            $funcBody
        }
    )
}

//替换普通函数
func replaceCommonFunc(outPutType: OutPutType, oriFunc: Tokens, funcDel: NodeFormat_
FuncDecl, funcName: Token): Tokens {
    let funcParamList = funcDel.getParamList().getParams()
```

```
    var macroPreLog = buildPreExecOriFuncLogTokens(funcName, funcParamList)

    var callOriFunc = buildCallOriFuncTokens(funcName, funcParamList)

    var macroAfterLog = buildAfterExecOriFuncLogTokens()

    let outPutToken = buildOutPutTokens(outPutType)

    let funcModify = funcDel.getModifiers()
    let funcReturn = funcDel.getType()

    let newFuncDef = buildNewFuncDefine(funcModify, funcName, funcParamList, funcReturn)
    return quote(
        $newFuncDef
        {
            func $funcName($funcParamList)
            {
                $(funcDel.getBody())
            }

            $macroPreLog
            $callOriFunc
            $macroAfterLog
            $outPutToken
            return result
        }
    )
}

//替换原始函数
func replaceOriFunction(outPutType: OutPutType, oriFunc: Tokens): Tokens {
    let funcDel = parseFuncDecl(oriFunc)
    let funcName = funcDel.getIdentifier()

    if (funcName.value.equals(INIT_FUNC_NAME)) {
        replaceInitFunc(outPutType, funcDel, funcName)
    } else {
        replaceCommonFunc(outPutType, oriFunc, funcDel, funcName)
    }
}

//输出类型
enum OutPutType {
    CONSOLE | LOGFILE | ALL
```

```
}


//Chapter2/log_macro/src/biz_demo.cj

import cradle.*
from std import time.*
from std import collection.*
from std import fs.*
from std import io.*
from std import os.posix.*

main(): Unit {
    //模拟登录
    if (!login("admin", "qD@0532")) {
        println("用户名或者密码错误!")
        return
    }

    //添加图书
    let book = Book("仓颉语言实战")

    //模拟入库
    book.input(88)

    //模拟出库
    book.output(66)

    //查看库存
    println(book.stock)
}

//登录
@Cradle[logfile]
func login(userName: String, password: String): Bool {
    let user = User.getUserByUserName(userName)
    return user.passwd == password
}

//用户
public class User {
    public User(var userId: Int64, var userName: String, var passwd: String) {}

    //根据用户名称查找用户信息
```

```
    public static func getUserByUserName(userName: String) {
        return User(1, userName, "qD@0532")
    }
}

//图书
public class Book {
    public Book(let bookName: String, var stock: Int64) {}

    @Cradle
    public init(bookName: String) {
        this.bookName = bookName
        this.stock = 0
    }

    //入库
    @Cradle[console|logfile]
    public func input(count: Int64) {
        this.stock += count
        return stock
    }

    //出库
    @Cradle[console|logfile]
    public func output(count: Int64) {
        this.stock -= count
        return stock
    }
}
```

这段示例包括两个文件,第 1 个是自定义宏 cradle 的代码文件 macro_cradle.cj,该文件位于 src 目录下的 cradle 子目录下;另一个是 biz_demo.cj,位于 src 目录下,该文件和 2.1 节的示例代码 biz_demo.cj 基本一致,只是在要记录运行日志的函数上加了 cradle 宏标记。接下来演示编译和运行过程。

(1) 在 src 目录下编译宏定义文件 macro_cradle.cj,命令如下:

```
cjc cradle/macro_cradle.cj --output-type=dylib -o cradle.dll
```

该命令会生成 cradle.dll 文件。

(2) 编译包含宏定义的文件 biz_demo.cj,传入 cradle.dll,命令如下:

```
cjc biz_demo.cj --macro-lib=./cradle.dll -o demo.exe
```

该命令成功执行后将生成 demo.exe 可执行文件。

(3) 在命令行运行 demo.exe,命令及回显如下:

```
demo.exe
---------------- Function Name : input ---------------
Call time :2023 - 03 - 02T13:28:10Z
Parameter list:
count:88
result:88
End Call time :2023 - 03 - 02T13:28:10Z
----------------------------------------------

---------------- Function Name : output ---------------
Call time :2023 - 03 - 02T13:28:10Z
Parameter list:
count:66
result:22
End Call time :2023 - 03 - 02T13:28:10Z
----------------------------------------------

22
```

回显内容表明,命令行除了最后如常输出的库存数量 22 以外,还输出了对函数 input 和 output 的调用过程日志。

(4) 在执行 demo.exe 时,除了可将日志输出到控制台,在运行目录还生成了日志文件,这里生成的日志文件是 20230302.log,日志文件的内容如下:

```
---------------- Function Name : login ---------------
Call time :2023 - 03 - 02T13:28:10Z
Parameter list:
userName:admin
password:qD@0532
result:true
End Call time :2023 - 03 - 02T13:28:10Z
----------------------------------------------
---------------- Function Name : init ---------------
Call time :2023 - 03 - 02T13:28:10Z
Parameter list:
bookName:仓颉语言实战
---------------- Function Name : input ---------------
Call time :2023 - 03 - 02T13:28:10Z
Parameter list:
```

```
count:88
result:88
End Call time :2023 - 03 - 02T13:28:10Z
----------------------------------------------
---------------- Function Name : output ---------------
Call time :2023 - 03 - 02T13:28:10Z
Parameter list:
count:66
result:22
End Call time :2023 - 03 - 02T13:28:10Z
----------------------------------------------
```

在日志文件里，记录了对函数 login、构造函数 init 及成员函数 input 和 output 的调用过程。

之所以会出现步骤(3)和步骤(4)中的运行日志，是因为在 biz_demo.cj 文件里使用了宏标记 cradle，其中，对 login 函数标记输出到日志文件；对构造函数 init 的宏标记没有指定输出方式，默认输出到日志文件；对于函数 input 和 output，同时标记了输出到控制台和日志文件，所以，在这两个位置都可以看到运行日志。

以出库为例，对比常规解决方案和元编程的解决方案，原始代码如下：

```
//出库
public func output(count: Int64) {
    this.stock -= count
    return stock
}
```

常规解决方案，代码如下：

```
//出库
public func output(count: Int64) {
    let callTime = Time.now()
    this.stock -= count
    let endCallTime = Time.now()
    let paramNameValueList = HashMap<String, ToString>([("count", count)])
    log2File("output", paramNameValueList, callTime, endCallTime, stock)
    return stock
}
```

元编程解决方案，代码如下：

```
//出库
@Cradle[console|logfile]
```

```
public func output(count: Int64) {
    this.stock -= count
    return stock
}
```

代码对比表明，使用基于元编程的自定义宏标记，以优雅的方式实现了运行日志记录功能，而且不影响源程序的代码逻辑，标记起来也很简单。仓颉宏的功能非常强大，是仓颉语言元编程的重要体现，后续章节将逐步讲解元编程的概念，最终帮助读者完全理解元编程并能够编写自定义宏。

第 3 章

词法单元

3.1 编译过程

典型的编译过程一般分为 5 个阶段，分别是词法分析、语法分析、语义分析与中间代码生成、代码优化及最终的目标代码生成，详细过程如图 3-1 所示。

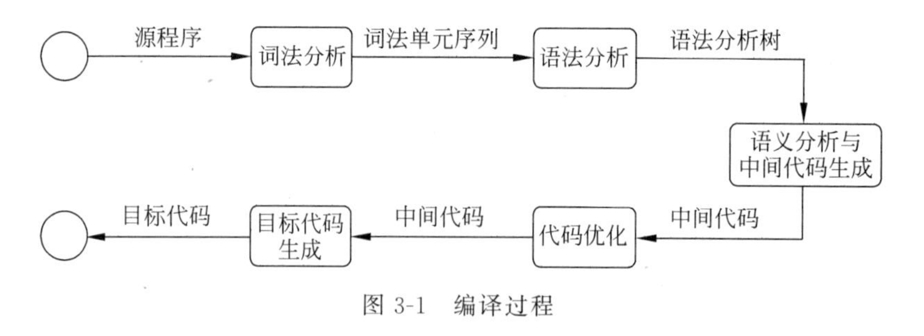

图 3-1 编译过程

在这个过程中，词法分析器对构成源程序的字符串进行扫描和解析，根据词法规则，识别出一个个的单词符号，如关键字、标识符、字面量、操作符等，这些单词符号构成了词法单元序列，在此基础上，再进行语法分析及代码生成等编译步骤，所以，词法单元是后续操作的基础对象，了解词法单元的用法是进行元编程的基础。

3.2 Token

在仓颉语言里，词法单元被称为“令牌”，使用 Token 类型表示，由仓颉标准库 ast 包提供。

3.2.1 成员变量

Token 类型包含如下 3 个变量：

```
public let kind: TokenKind
public let value: String
public let pos: Position
```

- kind

kind 表示令牌的类型，它的变量类型是 TokenKind。TokenKind 是一个包括所有令牌类型的枚举类型，例如，表示加法的枚举为 TokenKind.ADD，3.3 节会详细介绍该类型。

- value

value 表示构成令牌的字符串，是令牌的字面量。

- pos

pos 表示令牌在源代码文件中的位置信息，类型为 Position，包括 fileID（源代码文件 ID）、line（行号）和 column（列号）3 个成员变量。

3.2.2 构造函数

Token 的构造函数如下所示。

- public init()

使用默认构造函数创建 Token。

- public init(k: TokenKind)

使用 TokenKind 类型的参数 k 创建一个新的 Token。

- public init(k: TokenKind, v: String)

使用 TokenKind 类型的参数 k、String 类型的参数 v，创建一个新的 Token。

下面是一个创建 Token 并输出字面量的示例：

```
//Chapter3/token_sample/src/token_sample.cj

from std import ast.*

main() {
    //创建表示加号的令牌
    let addToken = Token(TokenKind.ADD)
```

```
    //创建名称为 cangjie 的标识符
    let idToken = Token(TokenKind.IDENTIFIER, "cangjie")

    println(addToken.value)
    println(idToken.value)
}
```

编译后运行该示例，输出如下：

```
cjc token_sample.cj
main.exe
+
cangjie
```

在这个示例中，创建了两个 Token，第 1 个 Token 使用 TokenKind.ADD 作为参数，所以打印输出的字面量是加号；第 2 个 Token 表示一个叫 cangjie 的标识符，所以打印出字符串 cangjie。

3.2.3 常用函数

Token 的常用函数是 dump，定义如下：

```
public func dump(): Unit
```

dump 函数用来输出 Token 的详细信息，这里把 3.2.2 节的示例改进一下，使用 dump 代替原来的 println 方法，示例如下：

```
//Chapter3/token_dump/src/token_dump.cj

from std import ast.*

main() {
    let addToken = Token(TokenKind.ADD)
    let idToken = Token(TokenKind.IDENTIFIER, "cangjie")

    addToken.dump()
    idToken.dump()
}
```

编译后运行该示例，输出如下：

```
cjc token_dump.cj
main.exe
```

```
description: add, token_id: 12, token_literal_value: + , fileID: 1, line: 4, column: 20
description: identifier, token_id: 133, token_literal_value: cangjie, fileID: 1, line: 5,
column: 19
```

dump 函数输出信息的说明如下。

（1）description：对 Token 类型的说明。

（2）token_id：Token 的唯一标识。

（3）token_literal_value：Token 的字面量表示形式。

（4）fileID：Token 所在源文件的文件标识，本例只有一个文件，所以 ID 为 1。

（5）line：Token 所在源文件的行号，本例分别在第 4 行和第 5 行。

（6）column：Token 所在源文件的列号，针对本例是每个 Token 构造函数开始的位置。

3.3 TokenKind

TokenKind 是 Token 类型的枚举，主要包括关键字、标识符、字面量、操作符等类型，详细的枚举描述信息如表 3-1 所示。

表 3-1 TokenKind 枚举

分类	枚举	字面量	说明
操作符	ADD	+	—
操作符	ADD_ASSIGN	+=	—
操作符	AND	&&	—
操作符	AND_ASSIGN	&&=	—
操作符	ARROW	->	—
操作符	ASSIGN	=	—
操作符	AT	@	—
操作符	BITAND	&	—
操作符	BITAND_ASSIGN	&=	—
操作符	BITNOT	~	—
操作符	BITOR	|	—
操作符	BITOR_ASSIGN	|=	—
操作符	BITXOR	^	—
操作符	BITXOR_ASSIGN	^=	—
操作符	CLOSEDRANGEOP	..=	—

续表

分　类	枚　举	字 面 量	说　明
操作符	COALESCING	??	—
操作符	COMPOSITION	~>	—
操作符	DECR	--	—
操作符	DIV	/	—
操作符	DIV_ASSIGN	/=	—
操作符	DOT	.	—
操作符	DOUBLE_ARROW	=>	—
操作符	ELLIPSIS	...	—
操作符	EQUAL	==	—
操作符	EXP	**	—
操作符	EXP_ASSIGN	**=	—
操作符	GE	>=	—
操作符	GT	>	—
操作符	INCR	++	—
操作符	LE	<=	—
操作符	LSHIFT	<<	—
操作符	LSHIFT_ASSIGN	<<=	—
操作符	LT	<	—
操作符	MOD	%	—
操作符	MOD_ASSIGN	%=	—
操作符	MUL	*	—
操作符	MUL_ASSIGN	*=	—
操作符	NOT	!	—
操作符	NOTEQ	!=	—
操作符	OR	||	—
操作符	OR_ASSIGN	||=	—
操作符	PIPELINE	|>	—
操作符	QUEST	?	—
操作符	RANGEOP	..	—
操作符	RSHIFT	>>	—
操作符	RSHIFT_ASSIGN	>>=	—
操作符	SUB	-	—
操作符	SUB_ASSIGN	-=	—
分隔符	COLON	:	—
分隔符	COMMA	,	—
分隔符	LCURL	{	—
分隔符	LPAREN	(	—
分隔符	LSQUARE	[	—
分隔符	RCURL	}	—

续表

分类	枚举	字面量	说明
分隔符	RPAREN	)	—
分隔符	RSQUARE	]	—
分隔符	SEMI	;	—
关键字	ABSTRACT	abstract	—
关键字	AS	as	也是操作符
关键字	BOOLEAN	Bool	—
关键字	BREAK	break	—
关键字	CASE	case	—
关键字	CATCH	catch	—
关键字	CFUNC	CFunc	—
关键字	CHAR	Char	—
关键字	CLASS	class	—
关键字	CONTINUE	continue	—
关键字	DO	do	—
关键字	ELSE	else	—
关键字	ENUM	enum	—
关键字	EXTEND	extend	—
关键字	FINALLY	finally	—
关键字	FLOAT16	Float16	—
关键字	FLOAT32	Float32	—
关键字	FLOAT64	Float64	—
关键字	FOR	for	—
关键字	FOREIGN	foreign	—
关键字	FROM	from	—
关键字	FUNC	func	—
关键字	IF	if	—
关键字	IMPORT	import	—
关键字	IN	in	—
关键字	INIT	init	—
关键字	INT16	Int16	—
关键字	INT32	Int32	—
关键字	INT64	Int64	—
关键字	INT8	Int8	—
关键字	INTERFACE	interface	—
关键字	INTNATIVE	IntNative	—
关键字	IS	is	也是操作符
关键字	LET	let	—
关键字	MACRO	macro	—
关键字	MAIN	main	—

续表

分　　类	枚　　举	字　面　量	说　　明
关键字	MATCH	match	—
关键字	MUT	mut	—
关键字	NOT_IN	!in	—
关键字	NOTHING	Nothing	—
关键字	OPEN	open	—
关键字	OPERATOR	operator	—
关键字	OVERRIDE	override	—
关键字	PACKAGE	package	—
关键字	PRIVATE	private	—
关键字	PROP	prop	—
关键字	PROTECTED	protected	—
关键字	PUBLIC	public	—
关键字	QUOTE	quote	—
关键字	REDEF	redef	—
关键字	RETURN	return	—
关键字	SPAWN	spawn	—
关键字	STATIC	static	—
关键字	STRUCT	struct	—
关键字	SUPER	super	—
关键字	SYNCHRONIZED	synchronized	—
关键字	THIS	this	—
关键字	THISTYPE	This	—
关键字	THROW	throw	—
关键字	TRY	try	—
关键字	TYPE	type	—
关键字	UINT16	UInt16	—
关键字	UINT32	UInt32	—
关键字	UINT64	UInt64	—
关键字	UINT8	UInt8	—
关键字	UINTNATIVE	UIntNative	—
关键字	UNIT	Unit	—
关键字	UNSAFE	unsafe	—
关键字	VAR	var	—
关键字	WHERE	where	—
关键字	WHILE	while	—
关键字	WITH	with	—
其他	ANNOTATION	无	声明，例如@when等宏标识
其他	COMMENT	无	注释
其他	DOLLAR	$	插值字符串标识

续表

分　类	枚　举	字 面 量	说　明
其他	END	无	文件结束
其他	HASH	#	—
其他	IDENTIFIER	无	标识符
其他	ILLEGAL	无	不合法 token
其他	NL	无	新行
其他	SENTINEL	无	—
其他	UPPERBOUND	<:	继承
其他	WILDCARD	_	通配符模式
字面量	BOOL_LITERAL	无	布尔类型字面量，例如 true 或者 false
字面量	BYTE_STRING_ARRAY_LITERAL	无	字节数组字面量，例如 b"abc"
字面量	CHAR_BYTE_LITERAL	无	字符字节字面量，例如 b'a'
字面量	CHAR_LITERAL	无	字符字面量，例如 a
字面量	DOLLAR_IDENTIFIER	无	元编程中的插值标识符
字面量	FLOAT_LITERAL	无	浮点字面量，例如 1.0
字面量	INTEGER_LITERAL	无	整型字面量，例如 1
字面量	MULTILINE_RAW_STRING	无	多行原始字符串字面量，例如 ##"abc"##
字面量	MULTILINE_STRING	无	多行字符串字面量，例如 """abc"""
字面量	STRING_LITERAL	无	字符串字面量，例如 abc
字面量	UNIT_LITERAL	无	Unit 字面量，例如()

说明：仓颉语言在不断发展和进化中，TokenKind 所包含的具体枚举值也会随之变化，本节表格列出的枚举值基于 0.37.2 版本提供，后续版本的枚举值可能会有微调。

3.4 Tokens

一段代码经过词法分析后可能会生成多个 Token 类型的对象，这些 Token 对象的序列被封装为一个 Tokens 类型的对象，Tokens 类型是仓颉元编程中主要的输入/输出类型。

3.4.1 构造函数

Tokens 的构造函数如下所示。

- public init()

使用默认构造函数创建 Tokens。

- public init(tokArr: Array < Token >)

使用 Token 数组类型的参数 tokArr 创建一个新的 Tokens。

- public init(buf: Array < UInt8 >)

使用 UInt8 类型的数组创建一个新的 Tokens。

- public init(tokArrList: ArrayList < Token >)

使用 Token 数组列表类型的参数 tokArrList 创建一个新的 Tokens。

3.4.2 常用属性及函数

- public prop size: Int64

获取 Tokens 对象中包含 Token 的数量。

- public func get(index: Int64): Token

获取参数 index 处对应的 Token，当 index 超出 Tokens 的范围时，将抛出异常。

- public func concat(ts: Tokens): Tokens

将当前 Tokens 与传入的参数 ts 表示的 Tokens 进行拼接，返回拼接后的 Tokens。

- public func dump(): Unit

打印 Tokens 信息。

- public func toString(): String

将当前 Tokens 转换为 String 表示形式。

使用构造函数和常用函数的示例代码如下：

```
//Chapter3/tokens_demo/src/tokens_demo.cj

from std import ast.*
from std import collection.*

main() {
    //标识符 a
    let tokenA = Token(TokenKind.IDENTIFIER, "a")
```

```
    //标识符 b
    let tokenB = Token(TokenKind.IDENTIFIER, "b")

    //操作符 +
    let tokenAdd = Token(TokenKind.ADD)

    //创建 Token 数组
    let tokenArray = [tokenA, tokenAdd, tokenB]

    //使用 Token 数组创建 tokens
    let tokenExpList = Tokens(tokenArray)

    //打印 tokens 的字符串形式,也就是 a + b
    println(tokenExpList.toString())

    //输出 tokens 的详细信息
    tokenExpList.dump()

    //关键字 let
    let tokenLet = Token(TokenKind.LET)

    //标识符 c
    let tokenC = Token(TokenKind.IDENTIFIER, "c")

    //操作符 =
    let tokenAssign = Token(TokenKind.ASSIGN)

    //创建 Token 数组列表,然后加入 tokenLet、tokenC、tokenAssign
    let tokenArrayList = ArrayList<Token>()
    tokenArrayList.append(tokenLet)
    tokenArrayList.append(tokenC)
    tokenArrayList.append(tokenAssign)

    //使用 Token 数组列表创建 tokensDef
    let tokensDef = Tokens(tokenArrayList)

    //打印 tokensDef 的字符串形式,也就是 let c =
    println(tokensDef.toString())

    //拼接 tokensDef 和 tokenExpList
    let newTokens = tokensDef.concat(tokenExpList)

    //输出拼接后的 newTokens 字符串表示形式,也就是 let c = a + b
    println(newTokens.toString())
}
```

编译后运行该示例，命令及回显如下：

```
cjc tokens_demo.cj
main.exe
a + b
description: identifier, token_id: 133, token_literal_value: a, fileID: 1, line: 6, column: 18
description: add, token_id: 12, token_literal_value: +, fileID: 1, line: 12, column: 20
description: identifier, token_id: 133, token_literal_value: b, fileID: 1, line: 9, column: 18
let c =
let c = a + b
```

3.4.3 运算符重载函数

为了方便元编程对 Tokens 对象的操作，Tokens 类型提供了运算符重载函数。

- public operator func [](index: Int64): Token

获取参数 index 对应位置的 Token 对象。

- public operator func +(r: Tokens): Tokens

把参数 r 代表的 Tokens 对象拼接到当前 Tokens 后面并返回新的 Tokens。

- public operator func +(r: Token): Tokens

把参数 r 代表的 Token 对象拼接到当前 Tokens 后面并返回新的 Tokens。

Tokens 的运算符重载函数，示例代码如下：

```
//Chapter3/tokens_operator/src/tokens_operator_demo.cj

from std import ast.*

main() {
    //标识符 a
    let tokenA = Token(TokenKind.IDENTIFIER, "a")

    //构造 tokensExp 对象
    var tokensExp = Tokens([tokenA])

    //tokens 对象加上 token 对象
    tokensExp = tokensExp + Token(TokenKind.ADD)

    //构造 tokens 对象
    let tokens = Tokens([Token(TokenKind.IDENTIFIER, "b")])

    //两个 Tokens 对象相加
```

```
    tokensExp = tokensExp + tokens

    //打印 tokensExp 中的第 2 个 Token 字面量
    println(tokensExp[1].value)

    //打印 tokensExp 字符串表示形式
    println(tokensExp.toString())
}
```

编译后运行该示例，命令及回显如下：

```
cjc tokens_operator_demo.cj
main.exe
+
a + b
```

3.5 quote 表达式

在元编程中，很少直接通过构造函数创建 Tokens 对象，一般使用 quote 表达式把代码直接转换为 Tokens 对象，这样更直观、更方便。quote 表达式使用 quote 关键字，后面是一对圆括号，圆括号内是仓颉代码，一个典型的 quote 表达式的用法如下：

```
let tokensExp = quote(a + b)
```

这个 quote 表达式把 a+b 这行代码转换为由标识符"a"、操作符"+"、标识符"b"这 3 个 Token 组成的 Tokens。

quote 表达式支持多行代码，一个稍微复杂的使用 quote 表达式的示例代码如下：

```
//Chapter3/quote_demo/src/quote_demo.cj

from std import ast.*

main() {
    let tokens = quote(
    class pos {
        pos(let x: Int64, let y: Int64) {}
    }
```

```
    )

    for (token in tokens) {
        token.dump()
    }
}
```

在这段代码的 quote 表达式里,定义了一个名称为 pos 的 class,编译后运行该示例,命令及回显如下:

```
cjc quote_demo.cj
main.exe
description: newline, token_id: 138, token_literal_value: \n, fileID: 1, line: 4, column: 24
description: class, token_id: 84, token_literal_value: class, fileID: 1, line: 5, column: 5
description: identifier, token_id: 133, token_literal_value: pos, fileID: 1, line: 5, column: 11
description: l_curl, token_id: 6, token_literal_value: {, fileID: 1, line: 5, column: 15
description: newline, token_id: 138, token_literal_value: \n, fileID: 1, line: 5, column: 16
description: identifier, token_id: 133, token_literal_value: pos, fileID: 1, line: 6, column: 9
description: l_paren, token_id: 2, token_literal_value: (, fileID: 1, line: 6, column: 12
description: let, token_id: 90, token_literal_value: let, fileID: 1, line: 6, column: 13
description: identifier, token_id: 133, token_literal_value: x, fileID: 1, line: 6, column: 17
description: colon, token_id: 28, token_literal_value: :, fileID: 1, line: 6, column: 18
description: Int64, token_id: 64, token_literal_value: Int64, fileID: 1, line: 6, column: 20
description: comma, token_id: 1, token_literal_value: ,, fileID: 1, line: 6, column: 25
description: let, token_id: 90, token_literal_value: let, fileID: 1, line: 6, column: 27
description: identifier, token_id: 133, token_literal_value: y, fileID: 1, line: 6, column: 31
description: colon, token_id: 28, token_literal_value: :, fileID: 1, line: 6, column: 32
description: Int64, token_id: 64, token_literal_value: Int64, fileID: 1, line: 6, column: 34
description: r_paren, token_id: 3, token_literal_value: ), fileID: 1, line: 6, column: 39
description: l_curl, token_id: 6, token_literal_value: {, fileID: 1, line: 6, column: 41
description: r_curl, token_id: 7, token_literal_value: }, fileID: 1, line: 6, column: 42
description: newline, token_id: 138, token_literal_value: \n, fileID: 1, line: 6, column: 43
description: r_curl, token_id: 7, token_literal_value: }, fileID: 1, line: 7, column: 5
description: newline, token_id: 138, token_literal_value: \n, fileID: 1, line: 7, column: 6
```

在这个示例中,要注意打印输出内容中的"换行"(newline,字面量输出为\n),与"空格"等被忽略的空白字符不同,"换行"被识别为一个独立的 Token。另外,还要注意各个 token 的行号和列号也是各不相同的,这与 Token 对应的源码字符串在源文件中的行、列位置相匹配。

3.6　插值运算符

在 quote 表达式中，支持插值操作，使用的插值运算符为 $，$ 符号后跟圆括号，圆括号内是代表插值的表达式，这类似占位操作，在最终使用 quote 表达式时，插值表达式会被替换为实际的值。一个典型的插值表达式如下：

```
let tokenPlus = Token(TokenKind.ADD)
let exp = quote(a $(tokenPlus) b)
```

在这个示例中，先是定义了一个表示加号的 tokenPlus，然后把它作为插值表达式的一部分组合成了 exp 对象，这时，exp 对象和下面的 quote 表达式是等效的：

```
quote(a + b)
```

在默认情况下，插值运算符后面的表达式需要使用圆括号限定，如果该表达式只包括单个标识符，则可以省略圆括号，这样，上例的代码可以改写为如下形式：

```
let tokenPlus = Token(TokenKind.ADD)
let exp = quote(a $tokenPlus b)
```

需要注意的是，插值运算符后面的表达式需要实现 ast 包里的 ToTokens 接口，这是因为在最终替换插值表达式时，是通过调用表达式的 toTokens 函数实现的，也就是把 toTokens 函数返回的值作为替换后的值。

插值运算符在仓颉元编程中，特别是在后续章节介绍实现自定义宏时，使用非常方便，例如一个实现自定义 class 名称的示例如下：

```
//Chapter3/interpolation_demo/src/interpolation_demo.cj

from std import ast.*

main() {
    //表示类名称的令牌
    let tokenName = Token(TokenKind.IDENTIFIER, "pos")

    //使用插值表达式创建表示类的 Tokens
```

```
    let tokens = quote(class $tokenName {
        $tokenName(let x: Int64, let y: Int64) {}
    }
    )

    //输出每个令牌,如果令牌是换行就输出换行
    for (token in tokens) {
        if (token.kind == TokenKind.NL) {
            println()
        } else {
            print(token.value)
            print(" ")
        }
    }
}
```

编译后运行该示例,命令及回显如下:

```
cjc interpolation_demo.cj
main.exe
class pos {
pos ( let x : Int64 , let y : Int64 ) { }
}
```

从输出可以看到,这里生成了一个名称为 pos 的 class,其实,如果有必要,则可以把类名称改成其他的名字。仓颉的插值运算符有非常灵活的运用方式,它可以在既有的代码基础上对代码进行修改,从而形成新的代码,最终完成一段代码到另一段代码的转换,这也是仓颉宏编程的常用实现方式,后续会详细介绍。

3.7 词法解析函数

除了 quote 表达式外,仓颉还提供了词法解析函数 cangjieLex,用来对源码字符串进行解析并得到 Tokens,该函数的定义如下:

- public func cangjieLex(code: String): Tokens

对参数 code 代表的字符串进行词法解析,返回词法解析后得到的 Tokens。

下面通过一个示例演示词法解析函数的用法,该示例会解析一个名称为 Point 的 class

定义，然后输出该定义所有的 Token 对象信息，示例代码如下：

```
//Chapter3/lex_demo/src/lex_demo.cj

from std import ast. *

main(): Unit {
    //定义变量 code,code 中保存表示类 Point 定义的字符串
    let code = """
        class Point {
            Point(let x: Int64, let y: Int64) {}
        }"""

    //对 code 中的字符串进行解析,得到解析后的 Tokens
    let tokens = cangjieLex(code)

    //输出 tokens 的内容
    for (token in tokens) {
        token.dump()
    }
}
```

编译后运行该示例，命令及回显如下：

```
cjc lex_demo.cj
main.exe
description: class, token_id: 84, token_literal_value: class, fileID: 0, line: 1, column: 9
description: identifier, token_id: 133, token_literal_value: Point, fileID: 0, line: 1,
column: 15
description: l_curl, token_id: 6, token_literal_value: {, fileID: 0, line: 1, column: 21
description: newline, token_id: 138, token_literal_value: \n, fileID: 0, line: 1, column: 22
description: identifier, token_id: 133, token_literal_value: Point, fileID: 0, line: 2,
column: 13
description: l_paren, token_id: 2, token_literal_value: (, fileID: 0, line: 2, column: 18
description: let, token_id: 90, token_literal_value: let, fileID: 0, line: 2, column: 19
description: identifier, token_id: 133, token_literal_value: x, fileID: 0, line: 2, column: 23
description: colon, token_id: 28, token_literal_value: :, fileID: 0, line: 2, column: 24
description: Int64, token_id: 64, token_literal_value: Int64, fileID: 0, line: 2, column: 26
description: comma, token_id: 1, token_literal_value: ,, fileID: 0, line: 2, column: 31
description: let, token_id: 90, token_literal_value: let, fileID: 0, line: 2, column: 33
description: identifier, token_id: 133, token_literal_value: y, fileID: 0, line: 2, column: 37
description: colon, token_id: 28, token_literal_value: :, fileID: 0, line: 2, column: 38
description: Int64, token_id: 64, token_literal_value: Int64, fileID: 0, line: 2, column: 40
```

```
description: r_paren, token_id: 3, token_literal_value: ), fileID: 0, line: 2, column: 45
description: l_curl, token_id: 6, token_literal_value: {, fileID: 0, line: 2, column: 47
description: r_curl, token_id: 7, token_literal_value: }, fileID: 0, line: 2, column: 48
description: newline, token_id: 138, token_literal_value: \n, fileID: 0, line: 2, column: 49
description: r_curl, token_id: 7, token_literal_value: }, fileID: 0, line: 3, column: 9
description: end, token_id: 139, token_literal_value: , fileID: 0, line: 3, column: 10
```

第4章

表达式

4.1 什么是表达式

表达式是编程语言中的基础概念,在维基百科中是这样解释的:“表达式是一个或多个常量、变量、运算符和函数的组合,编程语言根据其特定的优先级和关联规则解释它们,并计算它们,以便生成另外一个值。”

从上述定义中可以了解到表达式的重要特点,也就是可以计算得到一个值,在仓颉语言中这个定义也是一样的,不过,和传统的语言相比,仓颉语言把通常认为是语句的元素也定义为表达式,这样更有利于设计统一的语法规则。

为了实现这一点,仓颉语言提供了一个专门的 Unit 类型,可以把赋值语句、for 循环语句等传统的语句定义为表达式,如赋值表达式、for in 表达式等,示例代码如下:

```
//Chapter4/unit_expr/src/unit_expr_demo.cj

main() {
   //定义 Unit 变量
   var result: Unit

   //把循环语句赋值给 result 变量
   result = for (i in 0..10) {
      println(i)
   }

   var a = 0

   //把赋值语句赋值给 result 变量
   result = (a = 1)
}
```

这段代码是可以被成功编译并运行的。

另一个典型的被定义为表达式的例子是条件语句，传统的 if 语句一般是没有类型的，但是在仓颉语言里，可以根据各个分支的类型决定 if 表达式的类型，因为仓颉没有提供三目运算符，这一点还可以被当作三目运算符的替代实现，示例代码如下：

```
//Chapter4/if_expr_demo/src/if_expr_demo.cj

main() {
    let age = 20
    let status = if (age >= 18) { "成年人" } else { "未成年人" }
    println(status)
}
```

编译后运行该示例，命令及输出如下：

```
cjc if_expr_demo.cj
main.exe
成年人
```

以上示例表明，仓颉语言把绝大部分传统语句转换为表达式，所以，在仓颉语言中的表达式类型比较多，在本书编写时有 40 种左右，其中部分表达式的类型和示例如表 4-1 所示。

表 4-1　表达式的类型示例

表达式类型	表达式示例
AdjointExpr	adjointOf(square)
ArrayLit	[1,2,3]
AsExpr	1 as Int64
AssignExpr	a = 1
BinaryExpr	1+2
CallExpr	println()
DoWhileExpr	do{ print(a) } while(a>1)
ForInExpr	for(a in 1..5){b=2}
GradExpr	grad(square, 1.0)
IfExpr	if(a==1){b=2}
IncOrDecExpr	a++
IsExpr	1 is Int64
JumpExpr	break
LambdaExpr	{a=>a}
LetPatternDestructor	let Some(value)=a

续表

表达式类型	表达式示例
LitConstExpr	1
MatchExpr	match (a) { case _ => println() }
MemberAccess	a. b. c
OptionalChainExpr	a?. b?. c
ParenExpr	(1+2)
RangeExpr	1..2
ReturnExpr	return 1
SpawnExpr	spawn {=> println()}
SubscriptExpr	arr[0]
SynchronizedExpr	synchronized(mtx) { count++ }
ThrowExpr	throw Exception()
TrailingClosureExpr	demo(100){println()}
TryExpr	try { } finally{ }
TupleLit	(1,a,true)
TypeConvExpr	Float32(i)
UnaryExpr	-a
ValWithGradExpr	valWithGrad(square, 1.0)
WhileExpr	while(i<10){ println() }

限于篇幅，无法把所有的表达式都详细介绍一遍，况且表达式的很多用法是类似的，也没有逐一详细介绍的必要，在本章的后续几节，将重点介绍常用的几种表达式，其他表达式的用法可以参考这几种表达式。

4.2　字面量表达式

字面量表达式是最常用、最简单的表达式之一，用来表示数据类型的字面量形式，例如整型的1、2、3，布尔类型的true、false等，字面量表达式的类型名称为LitConstExpr，包括以下两个常用成员函数。

- public func getLiteral(): Token

返回该表达式的字面量值。

- public func getLiteralConstKind(): TokenKind

返回该表达式的字面量值类型。

下面通过一个示例演示字面量表达式的用法，把常用类型的字面量通过 quote 转换为 Tokens，然后通过 ParseLitConstExpr 函数转换为字面量表达式，最后输出该表达式的字面量值和字面量类型，代码如下：

```
//Chapter4/lit_const/src/lit_const_exp.cj

from std import ast. *

main() {
    //字符字面量表达式
    var expr = parseLitConstExpr(quote('a'))
    printExp(expr)

    //整型字面量表达式
    expr = parseLitConstExpr(quote(1))
    printExp(expr)

    //字符串字面量表达式
    expr = parseLitConstExpr(quote("cangjie"))
    printExp(expr)

    //浮点字面量表达式
    expr = parseLitConstExpr(quote(2.2))
    printExp(expr)

    //布尔字面量表达式
    expr = parseLitConstExpr(quote(true))
    printExp(expr)

    //Unit 字面量表达式
    expr = parseLitConstExpr(quote(()))
    printExp(expr)

    //字符字节字面量表达式
    expr = parseLitConstExpr(quote(b'x'))
    printExp(expr)
}

func printExp(litExp: LitConstExpr) {
    //输出字面量的值
    println(litExp.getLiteral().value)
```

```
    //输出字面量的类型
    println(litExp.getLiteralConstKind().toString())
}
```

编译后运行该示例，命令及输出如下：

```
cjc lit_const_exp.cj
main.exe
a
CHAR_LITERAL
1
INTEGER_LITERAL
cangjie
STRING_LITERAL
2.2
FLOAT_LITERAL
true
BOOL_LITERAL

UNIT_LITERAL
b'x'
CHAR_BYTE_LITERAL
```

4.3 一元表达式

对一个操作数进行运算的表达式被称为一元表达式，在仓颉元编程中使用 UnaryExpr 类型表示，该类型包括以下两个常用成员函数。

- public func getExpr(): Expr

返回该表达式的一元操作符操作的表达式。

- public func getOperatorKind(): TokenKind

返回该表达式一元操作符的类型。

下面通过一个示例演示一元表达式的用法，分别输出一元操作符的类型及表达式的字面量形式，代码如下：

```
//Chapter4/unary_expr/src/unary_expr.cj

from std import ast.*
```

```
main() {
    //取非一元表达式
    var expr = parseUnaryExpr(quote(!a))
    printExp(expr)

    //一元负号表达式
    expr = parseUnaryExpr(quote( - (a + b)))
    printExp(expr)
}

func printExp(unaryExp: UnaryExpr) {
    //输出一元操作符的类型
    println(unaryExp.getOperatorKind().toString())

    //输出表达式的字面量形式
    println(unaryExp.getExpr().toTokens().toString())
}
```

编译后运行该示例,命令及输出如下:

```
cjc unary_expr.cj
main.exe
NOT
a
SUB
( a + b )
```

需要注意的是,自增(++)和自减(--)操作符对应的表达式不是一元表达式,它们有一个特有的类型,被称为自增自减表达式,类型名称为 IncOrDecExpr,该类型包括的函数和一元表达式类似,该类型的示例代码如下:

```
//Chapter4/inc_dec/src/inc_dec_exp.cj

from std import ast.*

main() {
    //自增表达式
    var expr = parseIncOrDecExpr(quote(a++))
    printExp(expr)

    //自减表达式
```

```
    expr = parseIncOrDecExpr(quote(a -- ))
    printExp(expr)
}

func printExp(incOrDecExp: IncOrDecExpr) {
    //输出自增自减操作符的类型
    println(incOrDecExp.getOperatorKind().toString())

    //输出表达式的字面量形式
    println(incOrDecExp.getExpr().toTokens().toString())
}
```

编译后运行该示例，命令及输出如下：

```
cjc inc_dec_exp.cj
main.exe
INCR
a
DECR
a
```

4.4 二元表达式

二元表达式是指使用操作符操作两个表达式的表达式，它包括3部分，分别是左操作表达式、右操作表达式及操作符，二元表达式的类型名称为BinaryExpr，包括以下3个常用成员函数。

- public func getLeftExpr()：Expr

返回该表达式的左操作表达式。

- public func getRightExpr()：Expr

返回该表达式的右操作表达式。

- public func getOperatorKind()：TokenKind

返回该表达式二元操作符的类型。

二元表达式常用的二元操作符如表4-2所示。

表 4-2　二元操作符

操作符	说明	操作符	说明
**	幂运算	>=	大于或等于
*	乘法	==	判等
/	除法	!=	判不等
%	取模	&	按位与
+	加法	^	按位异或
-	减法	|	按位或
<<	按位左移	&&	逻辑与
>>	按位右移	||	逻辑或
<	小于	??	合并操作符
<=	小于或等于	|>	管道操作符
>	大于	~>	复合操作符

下面通过一个示例演示二元表达式的用法，分别输出二元表达式的左右操作表达式和二元操作符的类型，代码如下：

```
//Chapter4/binary_expr/src/binary_expr.cj

from std import ast.*

main() {
    //加法
    var expr = parseBinaryExpr((quote(1 + 2)))
    printExp(expr)

    //取模
    expr = parseBinaryExpr(quote(a % b))
    printExp(expr)

    //按位左移
    expr = parseBinaryExpr(quote(a << b))
    printExp(expr)

    //大于
    expr = parseBinaryExpr(quote(a > b))
    printExp(expr)

    //判不等
    expr = parseBinaryExpr(quote(a != b))
    printExp(expr)

    //按位与
```

```
    expr = parseBinaryExpr(quote(a & b))
    printExp(expr)

    //逻辑或
    expr = parseBinaryExpr(quote(a || b))
    printExp(expr)

    //合并操作符
    expr = parseBinaryExpr(quote(a ?? b))
    printExp(expr)

    //管道操作符
    expr = parseBinaryExpr(quote(funcA |> funcB))
    printExp(expr)

    //复合操作符
    expr = parseBinaryExpr(quote(funcA ~> funcB))
    printExp(expr)

}

func printExp(binaryExp: BinaryExpr) {
    //输出二元操作符的类型
    println(binaryExp.getOperatorKind().toString())

    //输出左表达式的字面量形式
    println(binaryExp.getLeftExpr().toTokens().toString())

    //输出右表达式的字面量形式
    println(binaryExp.getRightExpr().toTokens().toString())

    //输出空行
    println()
}
```

编译后运行该示例，命令及输出如下：

```
cjc binary_expr.cj
main.exe
ADD
1
2

MOD
```

```
a
b

LSHIFT
a
b

GT
a
b

NOTEQ
a
b

BITAND
a
b

OR
a
b

COALESCING
a
b

PIPELINE
funcA
funcB

COMPOSITION
funcA
funcB
```

除了表 4-2 列出的二元操作符外，仓颉语言还提供了另外几种二元操作符，它们构成的不是二元表达式，而是其他特定类型的表达式。

(1) is：类型检查，构成 IsExpr 表达式。

(2) as：类型转型，构成 AsExpr 表达式。

(3) ..：区间操作符，构成 RangeExpr 表达式。

这几种类型的表达式就不详细介绍了，可以查看相关文档。

4.5 赋值表达式

赋值表达式和二元表达式类似，也拥有左右两个表达式，它的赋值操作符可以是独立的赋值符号，也可以是复合赋值符号。赋值表达式的类型名称为 AssignExpr，包括以下两个常用成员函数。

- public func getLeftValue()：Expr

返回该表达式的左值表达式。

- public func getRightExpr()：Expr

返回该表达式的右操作表达式。

下面通过一个示例演示赋值表达式的用法，分别输出单个赋值符号表达式的左右表达式和复合赋值符号表达式的左右表达式，代码如下：

```
//Chapter4/assign_expr/src/assign_expr.cj

from std import ast.*

main() {
    //赋值
    var expr = parseAssignExpr((quote(a = 1)))
    printExp(expr)

    //复合赋值
    expr = parseAssignExpr(quote(a += b))
    printExp(expr)

    //复合赋值
    expr = parseAssignExpr(quote(a >>= 2))
    printExp(expr)
}

func printExp(assignExpr: AssignExpr) {
    //输出左表达式的字面量形式
    println(assignExpr.getLeftValue().toTokens().toString())

    //输出右表达式的字面量形式
```

```
    println(assignExpr.getRightExpr().toTokens().toString())

    //输出空行
    println()
}
```

编译后运行该示例，命令及输出如下：

```
cjc assign_expr.cj
main.exe
a
1

a
b

a
2
```

赋值表达式的左表达式是被赋值的对象，所以不能是任意的表达式，它需要一个左值表达式。

4.6 条件表达式

条件表达式至少包含一个 if 分支，也可能包含 0 个或多个 else if 分支，0 个或 1 个 else 分支，条件表达式的类型名称为 IfExpr，包括以下 3 个常用成员函数。

- public func getCondExpr()：Expr

返回该表达式的条件表达式，也就是 if 分支的判断条件。

- public func getIfBody()：Array < Node >

以 Node 数组形式返回该表达式 if 分支的内容。

- public func getElseBranch()：Option < Node >

返回该表达式 else 分支的内容，如果 else 分支不存在，就返回 Option. None，如果存在就返回一个 Node 对象，如果有多个 else 分支，则都存储在同一个 Node 对象中。

在前几节的示例中，使用函数把 Tokens 对象直接转换为对应的表达式类型，在实际开发中很少会这么做，因为在转换时不知道具体的表达式类型，一般先使用 parseExpr 函数转换为一个 Expr 类型的对象，然后调用该对象的 isXXX 函数判断是否是某种类型的表达式，然后调用该对象的 asXXX 函数转换为对应类型的表达式，其中 XXX 代表特定的表达式类型。

另外，本节第 2 个和第 3 个成员函数的返回值都包括 Node 对象，该对象也是一个通用的存储对象，可以存储表达式（Expr）或者声明（Decl，后续章节介绍），Node 数据类型包括以下 4 个成员函数。

- public func isExpr()：Bool

判断 Node 存储的数据是否是表达式。

- public func isDecl()：Bool

判断 Node 存储的数据是否是声明。

- public func asExpr()：Expr

将 Node 存储的数据转换为表达式。

- public func asDecl()：Decl

将 Node 存储的数据转换为声明。

下面将通过一个示例演示本节多个函数的具体使用方法，示例代码如下：

```
//Chapter4/if_expr/src/if_expr.cj

from std import ast.*

main() {
    let ifTokens = quote(
    if (num > 0) {
        positiveCount++
        println("The num ${num} is positive number.")
    } else if (num < 0) {
        negativeCount++
        println("The num ${num} is negative number.")
    } else {
        zeroCount++
        println("The num  is zero.")
    }
    )

    //把 Tokens 转换为表达式
    var expr = parseExpr(ifTokens)

    //判断表达式是否是条件表达式
    if (expr.isIfExpr()) {
```

```
        //把表达式 expr 转换为条件表达式并作为参数传递给函数 printIfExp
        printIfExp(expr.asIfExpr())
    }
}

//输出条件表达式的详细信息
func printIfExp(ifExpr: IfExpr): Unit {
    //获取条件表达式 if 分支中每行的内容并输出
    for (item in ifExpr.getIfBody()) {
        println(item.toTokens().toString())
    }

    //判断是否有 else 分支,如果有就将分支内容解构到 branch 变量中
    if (let Some(branch) = ifExpr.getElseBranch()) {
        //branch 是否是表达式
        if (branch.isExpr()) {
            //如果 branch 是表达式就转换为表达式并存储到 newExpr 中
            let newExpr = branch.asExpr()

            //判断 newExpr 是不是条件表达式
            if (newExpr.isIfExpr()) {
                //如果是条件表达式就递归输出
                printIfExp(newExpr.asIfExpr())
            } else {
                //如果不是条件表达式就直接输出内容
                println(newExpr.toTokens().toString())
            }
        } else { //如果 branch 不是表达式就直接输出内容
            println(branch.toTokens().toString())
        }
    }
}
```

编译后运行该示例,命令及输出如下:

```
cjc if_expr.cj
main.exe
positiveCount ++
println ( The num ${num} is positive number. )
negativeCount ++
println ( The num ${num} is negative number. )
{   zeroCount ++NL println ( The num   is zero. ) NL }
```

输出信息表明,getElseBranch 函数的返回值是返回 else 后所有的部分,如果是 else if 类型的分支,则返回值包括 else 后完整的 if 分支,如果是单纯的 else 分支,则返回值包括 else 后的花括号部分。

4.7 循环表达式

循环表达式主要包括 3 种类型,分别是 while 表达式、do while 表达式和 for in 表达式,其中,while 表达式和 do while 表达式对应的类型名称分别为 WhileExpr 和 DoWhileExpr,两种类型包括的常用成员函数是一样的。

- public func getCondExpr(): Expr

返回该表达式的条件表达式。

- public func getBody(): Array<Node>

以 Node 数组形式返回该表达式的循环体部分。

这两个函数的用法和条件表达式对应函数的用法类似,就不详细介绍了,重点要介绍 for in 表达式,它的类型名称为 ForInExpr,包括 4 个常用成员函数。

- public func getPattern(): Pattern

返回该表达式的模式,常用的模式有变量模式、元组模式、通配符模式等,在下面的代码中,a 代表的就是变量模式。

```
for (a in 1..5 where a % 2 == 0) {
        count++
    }
```

- public func getInExpr(): Expr

返回该表达式的 in 表达式,在上例中,in 表达式是 1..5。

- public func getPatternGuard(): Option<Expr>

如果存在,就返回该表达式的看护条件,否则返回 Option.None,上例中的看护条件为 a%2==0。

- public func getBody(): Array<Node>

以 Node 数组形式返回该表达式的循环体部分。

演示 for in 表达式的示例代码如下:

```
//Chapter4/for_in/src/for_in_expr.cj

from std import ast.*

main() {
    //带看护条件的 for in 表达式
    var expr = parseExpr(
        quote(
        for (a in 1..5 where a % 2 == 0) {
            count++
        })
    )

    if (expr.isForInExpr()) {
        printForInExp(expr.asForInExpr())
    }

    //通配符模式的表达式
    expr = parseExpr(
        quote(
        for (_ in 1..5) {
        println("cangjie!")
        })
    )

    if (expr.isForInExpr()) {
        printForInExp(expr.asForInExpr())
    }

    //元组模式的表达式
    expr = parseExpr(
        quote(
        for ((a, b) in [(1, 2), (3, 4)]) {
        println("${a}:${b}")
        })
    )

    if (expr.isForInExpr()) {
        printForInExp(expr.asForInExpr())
    }
}

//输出 for in 表达式的信息
func printForInExp(forInExpr: ForInExpr) {
```

```
    //输出 in 表达式内容
    println(forInExpr.getInExpr().toTokens().toString())

    //获取模式
    let patten = forInExpr.getPattern()

    //是否是通配符模式
    if (patten.isWildcardPattern()) {
        println(patten.toTokens().toString() + " is wildcard pattern ")
    } else if (patten.isVarPattern()) {                            //是否是变量模式
        println(patten.toTokens().toString() + " is var pattern ")
    } else if (patten.isTuplePattern()) {                          //是否是元组模式
        println(patten.toTokens().toString() + " is tuple pattern ")
    } else {                                                       //其他模式
        println(patten.toTokens().toString())
    }

    //输出模式的字面量形式
    println(forInExpr.getPattern().toTokens().toString())

    //是否存在看护条件,如果存在就解构到 guard 变量中
    if (let Some(guard) = forInExpr.getPatternGuard()) {
        //输出看守条件的字面量形式
        println(guard.toTokens().toString())
    }

    //输出 body 部分每个节点的字面量形式
    for (item in forInExpr.getBody()) {
        println(item.toTokens().toString())
    }

    println()
}
```

编译后运行该示例,命令及输出如下:

```
cjc for_in_expr.cj
main.exe
1 .. 5
a is var pattern
a
a % 2 == 0
count ++
```

```
1 .. 5
_ is wildcard pattern
_
println ( cangjie! )

[ ( 1 , 2 ) , ( 3 , 4 ) ]
( a , b ) is tuple pattern
( a , b )
println (  ${a}: ${b} )
```

第5章

类型

5.1 类型分类

仓颉语言包括多种类型,例如基础数据类型、引用类型、元组类型、函数类型等,这些类型在语法树中的类型名称和示例如表5-1所示。其中,ThisType类型示例中的getThis函数的返回值类型为ThisType,其他类型示例中的变量a代表的是对应的类型。

表5-1　类型名称和示例

类型名称	示例
FuncType	let a:(Int64)->String
OptionType	let a:?Int64 = 1
ParenType	let a:(Int64) = 1
PrimitiveType	let a:Int64 = 0
QualifiedType	let a:A.B.C<Int64,String>
RefType	let a:ArrayList<Int64>= ArrayList<Int64>()

ThisType	class Demo {
	public func getThis():This{
	this
	}
	}

TupleType	let a: (Int64,String)=(1,"cangjie")

5.2 PrimitiveType

PrimitiveType是基础类型的表示形式,包括整型、浮点型、布尔类型、字符类型、Unit类型等,具体如下所示。

- Int8
- Int16
- Int32
- Int64
- UInt8
- UInt16
- UInt32
- UInt64
- Float16
- Float32
- Float64
- Char
- Bool
- Unit

该类型包括一个常用的成员函数。

public func getPrimitive()：Token

返回代表基础类型的令牌。

PrimitiveType 类型的示例代码如下：

```
//Chapter5/primitive_type/src/primitive_type.cj

from std import ast.*

main() {
    //转换为变量声明
    var varDecl = parseVarDecl(quote(let a: Int64 = 0))

    //打印变量的类型
    printType(varDecl)

    varDecl = parseVarDecl(quote(let a: UInt8 = 0))
    printType(varDecl)

    varDecl = parseVarDecl(quote(let a: Float32 = 3.14))
    printType(varDecl)

    varDecl = parseVarDecl(quote(let a: Bool = true))
    printType(varDecl)
```

```
    varDecl = parseVarDecl(quote(let a: Char = 'A'))
    printType(varDecl)

    varDecl = parseVarDecl(quote(let a:Unit = ()))
    printType(varDecl)

    varDecl = parseVarDecl(quote(let a:String = "cangjie"))
    printType(varDecl)
}

func printType(varDecl: VarDecl) {
    //变量声明的类型是否存在,如果存在就赋给变量 varType
    if (let Some(varType) = varDecl.getType()) {
        //varType 是不是基础类型
        if (varType.isPrimitiveType()) {
            //打印基础类型的字面量形式
            println(varType.asPrimitiveType().getPrimitive().value)
        }
    }
}
```

在这个示例中，使用了函数 parseVarDecl，该函数可以把 Tokens 参数解析为变量声明，变量声明的详细用法会在第 6 章讲解，本章只需调用变量声明的 getType 成员函数，getType 函数会返回变量声明的类型。编译后运行上述示例，命令及输出如下：

```
cjc primitive_type.cj
main.exe
Int64
UInt8
Float32
Bool
Char
Unit
```

该示例输出了指定的基础类型，但是最后的 String 类型并没有被输出，这是因为 String 是结构体类型，而不是基础类型。

5.3 QualifiedType

QualifiedType 表示限定类型，该类型的一般表现形式如下：

```
A.B<TypeArguments>
```

其中,A 是 BaseType,B 是 Field,最后是可选的类型参数集合 TypeArguments,A 本身也可能是一个 QualifiedType 类型。QualifiedType 包括 4 个常用的成员函数。

• public func getBaseType(): Type

返回类型的基础类型。

• public func getField(): Token

返回类型 Field 对应的令牌。

• public func isInstantiation(): Bool

类型是不是实例化类型,如果是实例化类型,则返回值为 true,否则返回值为 false。

• public func getTypeArguments(): Array<Type>

返回实例化的类型参数数组。

QualifiedType 类型的示例代码如下:

```
//Chapter5/qualified_type/src/qualified_type.cj

from std import ast.*

main() {
    //转换为变量声明
    var varDecl = parseVarDecl(quote(let a: collection.HashMap<Int64, String>))

    //打印变量的类型
    printType(varDecl)

    varDecl = parseVarDecl(quote(let a: A.B.C.D))
    printType(varDecl)
}

func printType(varDecl: VarDecl) {
    //变量声明的类型是否存在,如果存在就赋给变量 varType
    if (let Some(varType) = varDecl.getType()) {
        //varType 是不是限定类型
        if (varType.isQualifiedType()) {
            //输出 BaseType
            println("BaseType:" + varType.asQualifiedType().getBaseType().toTokens().
toString())
            //输出 Field
            println("Field:" + varType.asQualifiedType().getField().value)
            //输出是不是实例化类型
            println("Instantiation:" + varType.asQualifiedType().isInstantiation().toString())

            //如果是实例化类型,则输出每个实例化类型参数
            for (arg in varType.asQualifiedType().getTypeArguments()) {
```

```
                println("TypeArgument:" + arg.toTokens().toString())
            }
        }
    }
}
```

编译后运行该示例，命令及输出如下：

```
cjc qualified_type.cj
main.exe
BaseType:collection
Field:HashMap
Instantiation:true
TypeArgument:Int64
TypeArgument:String
BaseType:A . B . C
Field:D
Instantiation:false
```

示例输出表明，第 1 个变量声明表示的是一个实例化类型，并且包括两个实例化类型参数。

```
let a: collection.HashMap<Int64, String>
```

相应地，第 2 个变量声明表示的是一个非实例化类型，但是，它的 BaseType 是 A.B.C，说明 BaseType 本身也是一个 QualifiedType 类型。

```
let a: A.B.C.D
```

5.4　FuncType

FuncType 是函数类型的表示形式，函数类型由函数的参数类型和返回值类型组成，通过 FuncType 的两个常用成员函数可以分别获取参数类型数组和返回值类型。

- public func getParamTypes(): Array<Type>

返回函数类型的参数类型数组。

- public func getRetType(): Type

返回函数类型的返回值类型。

FuncType 类型的示例代码如下：

```
//Chapter5/func_type/src/func_type.cj

from std import ast.*

main() {
    //转换为变量声明
    var varDecl = parseVarDecl(quote(let a: (Int64, String) -> String ))

    //打印变量的类型
    printType(varDecl)
}

func printType(varDecl: VarDecl) {
    //变量声明的类型是否存在，如果存在就赋给变量 varType
    if (let Some(varType) = varDecl.getType()) {
        //varType 是不是函数类型
        if (varType.isFuncType()) {
            //输出每个参数类型
            for (arg in varType.asFuncType().getParamTypes()) {
                println("ParamType:" + arg.toTokens().toString())
            }

            //输出返回值类型
            println("ReturnType:" + varType.asFuncType().getRetType().toTokens().toString())
        }
    }
}
```

编译后运行该示例，命令及输出如下：

```
cjc func_type.cj
main.exe
ParamType:Int64
ParamType:String
ReturnType:String
```

5.5 RefType

RefType 是区间、枚举、结构体、类等类型在语法树中的表示形式，它包括两个常用成员函数。

- public func getIdentifier()：Token

返回类型的标识符令牌。

- public func getArgs()：Array<Type>

返回类型的参数列表。

RefType 类型的示例代码如下，在这段代码里，会分别输出字符串类型、区间类型、枚举类型、类类型、泛型类类型。

```
//Chapter5/ref_type/src/ref_type.cj

from std import ast.*

main() {
    //转换为变量声明
    var varDecl = parseVarDecl(quote(let a: String = "cangjie" ))

    //打印变量的类型
    printType(varDecl)

    varDecl = parseVarDecl(quote(let a: Range<Int64> = 0..1 ))
    printType(varDecl)

    varDecl = parseVarDecl(quote(let a: Option<Int64>))
    printType(varDecl)

    varDecl = parseVarDecl(quote(let a: StringBuilder = StringBuilder() ))
    printType(varDecl)

    varDecl = parseVarDecl(quote(let a: HashMap<Int64, String>))
    printType(varDecl)
}

func printType(varDecl: VarDecl) {
    //变量声明的类型是否存在，如果存在就赋给变量 varType
    if (let Some(varType) = varDecl.getType()) {
        //varType 是不是引用类型
        if (varType.isRefType()) {
            //输出类型标识
            println("Identifier:" + varType.asRefType().getIdentifier().value)

            //输出每个参数类型
            for (arg in varType.asRefType().getArgs()) {
                println("Arg:" + arg.toTokens().toString())
```

```
            }
        }
    }
}
```

编译后运行该示例,命令及输出如下:

```
cjc ref_type.cj
main.exe
Identifier:String
Identifier:Range
Arg:Int64
Identifier:Option
Arg:Int64
Identifier:StringBuilder
Identifier:HashMap
Arg:Int64
Arg:String
```

5.6 OptionType

使用 Option 关键字定义的 Option 类型在语法树中被归类为 RefType,这一点在 5.5 节已经通过示例演示了,但是,Option 的简写方式,即通过在类型名前加问号(?)来表示的类型属于 OptionType 类型。例如,针对下面的变量定义:

```
let a: Option<Int64> = 100
let b: ?Int64 = 100
```

其中,变量 a 的语法树类型是 RefType,变量 b 的语法树类型是 OptionType。

OptionType 包括两个常用成员函数。

- public func getComponentType(): Type

返回 Option 类型的参数类型。

- public func getQuestNum(): Int32

返回类型的问号(?)数量。

OptionType 类型的示例代码如下:

```
//Chapter5/option_type/src/option_type.cj

from std import ast. *

main() {
    //转换为变量声明
    var varDecl = parseVarDecl(quote(let a: ??Float64 = 1.0 ))

    //变量声明的类型是否存在,如果存在就赋给变量 varType
    if (let Some(varType) = varDecl.getType()) {
        //varType 是不是 OptionType 类型
        if (varType.isOptionType()) {
            //输出原始类型
            println("Identifier:" + varType.asOptionType().getComponentType().toTokens().
toString())

            //输出问号数量
            println("Identifier:" + varType.asOptionType().getQuestNum().toString())
        }
    }
}
```

编译后运行该示例,命令及输出如下:

```
cjc option_type.cj
main.exe
Identifier:Float64
Identifier:2
```

5.7 TupleType 和 ParenType

在仓颉语言中,元组类型在语法树中对应的类型为 TupleType 类型。TupleType 类型要求包含两个或两个以上的子类型,获取子类型数组的函数如下。

- public func getFieldTypes(): Array < Type >

返回子类型的数组。

TupleType 类型要和 ParenType 类型区别开来,两者在形式上类似,ParenType 类型也是在圆括号内包括一个元素,它们之间的区别在于元素的数量,前者是两个或两个以上,后者只能是一个。ParenType 类型的常用成员函数如下。

- public func getType(): Type

返回圆括号内的类型。

ParenType 类型在实际编码中很少直接用到，一般用在编译过程中，用圆括号表示优先级。这两种类型的示例代码如下：

```
//Chapter5/tuple_type/src/tuple_type.cj

from std import ast.*

main() {
    //转换为变量声明
    var varDecl = parseVarDecl(quote(let a: (Bool, Float64) = (true, 1.82)))

    //打印变量的类型
    printType(varDecl)

    varDecl = parseVarDecl(quote(let b: (String, String) = ("小王", "山东")))
    printType(varDecl)

    varDecl = parseVarDecl(quote(let b: (String) = ("小王")))
    printType(varDecl)
}

func printType(varDecl: VarDecl) {
    //变量声明的类型是否存在，如果存在就赋给变量 varType
    if (let Some(varType) = varDecl.getType()) {
        //varType 是不是 TupleType 类型
        if (varType.isTupleType()) {
            println("Tuple Type:")

            //输出每个子类型
            for (fieldType in varType.asTupleType().getFieldTypes()) {
                println("FieldType:" + fieldType.toTokens().toString())
            }
        } else if (varType.isParenType()) {          //判断 varType 是不是 ParenType 类型
            println("ParenType:" + varType.asParenType().getType().toTokens().toString())
        }
    }
}
```

编译后运行该示例，命令及输出如下：

```
cjc tuple_type.cj
Main.exe
Tuple Type:
FieldType:Bool
FieldType:Float64
Tuple Type:
FieldType:String
FieldType:String
ParenType:String
```

第6章

基础声明

6.1 声明类型

声明是仓颉抽象语法树中的重要元素，包括变量、属性、类、结构体、函数等，在本书编写时，常用的声明类型有14种，详细信息如表6-1所示。

表6-1 声明类型及示例

声　明	类　型	示　例

类	ClassDecl	class Demo {
		　　Demo(let name: String) {}
		}

枚举	EnumDecl	enum Demo {
		　　A | B | C
		}

扩展	ExtendDecl	extend String {
		　　public func getFirstChr(): Option<Char> {
		　　　　if (this.size > 0) {
		　　　　　　this[0]
		　　　　} else {
		　　　　　　Option<Char>.None
		　　　　}
		　　}
		}

函数	FuncDecl	func demo() {　}
泛型参数	GenericParamDecl	

接口	InterfaceDecl	interface face {
		　　func name(): String
		}

续表

声　明	类　型	示　例

宏	MacroDecl	public macro MacroDemo(attr: Tokens, inputTokens: Tokens): Tokens {
		    return attr + inputTokens
		}

main 函数	MainDecl	main(){}

属性	PropDecl	prop var Name: String {
		    get() {
		        return name
		    }
		    set(value) {
		        name = value
		    }
		}

主构造函数	PrimaryCtorDecl	class Demo {
		    Demo(let name: String) {}
		}
		示例中的主构造函数部分

结构体	StructDecl	struct Demo {
		    Demo(let name: String) {}
		}

类型别名	TypeAliasDecl	type I64 = Int64
变量	VarDecl	let a: Int64 = 0
模式变量	VarWithPatternDecl	var (a, b) = (1, 2)

本章将讲解基础的变量声明和接口声明,其他主要声明会在后续章节中介绍。

6.2　变量声明

6.2.1　成员函数

变量声明的类型是 VarDecl,在第 5 章中多处使用了变量声明,具体使用了它的 getType 函数,用来返回变量的类型。VarDecl 的其他常用成员函数如下所示。

• public func getModifiers(): Tokens

返回变量声明的修饰词,可以是访问性修饰词,例如 public、protected 和 private,也可以是 static。需要注意的是，对于顶层变量，可以不添加修饰词，否则只能添加 public。

- public func getKeyword(): Token

返回变量的关键字，可以是 var 或者 let。

- public func getIdentifier(): Token

返回变量的标识符，也就是变量名称。

- public func getType(): Option<Type>

返回变量的类型，如果定义时没有显式标识类型(可以通过推断得到变量类型)，就返回 Option.None。

- public func getInitializer(): Option<Expr>

返回变量的初始化表达式，如果没有就返回 Option.None。

变量声明的示例代码如下：

```
//Chapter6/var_decl/src/var_decl.cj

from std import ast.*

main() {
    //定义变量,假设是 class 的静态成员变量
    var decl = parseDecl(quote( static  protected let var_a: Int64 = 5))
    printVarDecl(decl)
    //定义不直接指定类型的变量
    decl = parseDecl(quote( public var var_a = "cangjie"))
    printVarDecl(decl)

    //定义无初始化值的变量
    decl = parseDecl(quote( var var_a :Int64))
    printVarDecl(decl)
}

func printVarDecl(decl: Decl) {
    //声明是否是变量声明
    if (decl.isVarDecl()) {
        let varDecl = decl.asVarDecl()

        //输出变量名称
        println("var name:" + varDecl.getIdentifier().value)

        //如果存在,则输出初始化表达式
        if (let Some(varInit) = varDecl.getInitializer()) {
            println("Initializer:" + varInit.toTokens().toString())
```

```
        }

        //输出关键字
        println("keyword:" + varDecl.getKeyword().value)

        //输出每个修饰符
        for (modify in varDecl.getModifiers()) {
            println("modify:" + modify.value)
        }

        //如果显式指定,则输出变量类型
        if (let Some(varType) = varDecl.getType()) {
            println("Type:" + varType.toTokens().toString())
        }

        println()
    }
}
```

编译后运行该示例,命令及输出如下:

```
cjc var_decl.cj
main.exe
var name:var_a
Initializer:5
keyword:let
modify:static
modify:protected
Type:Int64

var name:var_a
Initializer:cangjie
keyword:var
modify:public

var name:var_a
keyword:var
Type:Int64
```

6.2.2　元编程应用示例

在了解了变量声明的成员函数后,可以将其应用到元编程中,本节将通过一个示例,把变量的可访问性更改为 public,并返回修改后的变量定义代码。为了简单起见,假设这个变量是类的成员变量。

具体应用思路是在得到一个变量声明对象以后，首先分析该变量的修饰词，查找是否包括 public，如果包括就直接返回该对象，否则重新组合生成变量的定义代码，如果原先包括其他访问修饰词，就把原先的访问修饰词去掉，然后添加 public 修饰词，最后重新生成变量声明对象并返回。详细的代码如下：

```
//Chapter6/var_transform/src/var_transform.cj

from std import ast.*

main() {
    //定义变量,假设是class的静态成员变量
    var decl = parseDecl(quote( static  protected let var_a: Int64 = 5))
    if (decl.isVarDecl()) {
        let newDecl = transform(decl.asVarDecl())

        //打印原始代码
        println("Original code:")
        println(decl.toTokens().toString())

        //打印转换后的代码
        println("Transformed code:")
        println(newDecl.toTokens().toString())
    }

    //定义不直接指定类型的变量
    decl = parseDecl(quote( public var var_a = "cangjie"))
    if (decl.isVarDecl()) {
        let newDecl = transform(decl.asVarDecl())

        //打印原始代码
        println("Original code:")
        println(decl.toTokens().toString())

        //打印转换后的代码
        println("Transformed code:")
        println(newDecl.toTokens().toString())
    }

    //定义无初始化值的变量
    decl = parseDecl(quote( var var_a :Int64))
    if (decl.isVarDecl()) {
```

```
        let newDecl = transform(decl.asVarDecl())

        //打印原始代码
        println("Original code:")
        println(decl.toTokens().toString())

        //打印转换后的代码
        println("Transformed code:")
        println(newDecl.toTokens().toString())
    }
}

//把变量声明转换为 public 修饰的变量声明
func transform(varDecl: VarDecl) {
    //遍历变量修饰符,如果包含 public 就直接返回 varDecl 对象
    for (modif in varDecl.getModifiers()) {
        if (modif.value.equals("public")) {
            return varDecl
        }
    }

    //构造新的修饰符列表
    var modifyList = Tokens()

    for (modify in varDecl.getModifiers()) {
        if (modify.value.equals("private") || modify.value.equals("protected")) {
            continue
        }
        modifyList = modifyList + modify
    }

    //关键字
    let key = varDecl.getKeyword()

    //变量名称
    let varName = varDecl.getIdentifier()

    //将修饰符、关键字、变量名组合到 newDecl 对象
    var newDecl = quote(
        public $modifyList $key $varName
    )

    //如果原始变量定义包括类型就加上类型
    if (let Some(varType) = varDecl.getType()) {
```

```
        newDecl = newDecl + quote(: $varType)
    }

    //如果原始变量定义包括初始化表达式就加上该表达式
    if (let Some(initExp) = varDecl.getInitializer()) {
        newDecl = newDecl + quote( = $initExp)
    }

    //返回转换后的变量定义
    return parseVarDecl(newDecl)
}
```

编译后运行该示例,命令及输出如下:

```
cjc var_transform.cj
main.exe
Original code:
static protected let var_a : Int64 = 5
Transformed code:
static public let var_a : Int64 = 5
Original code:
public var var_a = cangjie
Transformed code:
public var var_a = cangjie
Original code:
var var_a : Int64
Transformed code:
public var var_a : Int64
```

该示例的关键点在于重新构造变量声明,通过变量声明的成员函数得到变量的各个组成部分,然后根据需要重新变换组合,最终得到全新的代码结构。

6.3 接口声明

接口声明的类型为 InterfaceDecl,包括以下常用成员函数。

- public func getModifiers(): Tokens

返回接口声明的修饰词。

- public func getIdentifier(): Token

返回接口的标识符，也就是接口名称。

- public func getKeyword()：Token

返回接口的关键字，这里是 interface。

- public func getSuperTypes()：Array < Type >

返回接口继承的父类型，因为接口允许多继承，所以该函数的返回值是类型数组。

- public func getBody()：Array < Decl >

返回接口的 body 部分，也就是接口所包含的成员数组。

- public func getGeneric()：Option < Generic >

如果是泛型接口，则返回接口的泛型标识，否则返回 Option. None。关于泛型的详细介绍参见第 9 章。

接口声明的示例代码如下，该示例将构造一个包括两个成员函数的泛型接口：

```
//Chapter6/interface_decl/src/interface_decl.cj

from std import ast. *

main() {
    //定义接口声明
    var decl = parseDecl(
        quote(
        public open interface demo < T > <: ToString & DemoParent {
            func demoFunc(value: T): Unit

            static func staticFunc(): Int64
        }
    )
    )

    //声明是否是接口声明
    if (decl.isInterfaceDecl()) {
        let iDecl = decl.asInterfaceDecl()

        //输出接口名称
        println("Interface name:" + iDecl.getIdentifier().value)

        //输出关键字
        println("Keyword:" + iDecl.getKeyword().value)

        iDecl.getSuperTypes()
```

```
        //输出每个父类型
        for (superType in iDecl.getSuperTypes()) {
            println("SuperType:" + superType.toTokens().toString())
        }

        //输出每个修饰词
        for (modify in iDecl.getModifiers()) {
            println("Modify:" + modify.value)
        }

        //输出接口的成员
        for (item in iDecl.getBody()) {
            println("Interface member:" + item.toTokens().toString())
        }

        //如果是泛型接口,则输出泛型信息
        if (let Some(iGeneric) = iDecl.getGeneric()) {
            println("Generic:" + iGeneric.toTokens().toString())
        }

        println()
    }
}
```

编译后运行该示例,命令及输出如下:

```
cjc interface_decl.cj
Main.exe
Interface name:demo
Keyword:interface
SuperType:ToString
SuperType:DemoParent
Modify:public
Modify:open
Interface member: func demoFunc ( value : T ) : Unit
Interface member: static func staticFunc () : Int64
Generic:< T >
```

第7章

函数声明

和函数相关的声明包括普通函数声明(FuncDecl)、main 函数声明(MainDecl),本章将分别讲解这些函数声明的用法。

7.1 函数参数

函数参数是函数的重要组成部分,类型名称为 FuncParam,一个包括参数的函数的代码如下:

```
func demoFunc(age! : Int64 = 20) {}
```

下面以上述代码中的 age 参数为例,讲解常用成员函数的用法。

- public func getIdentifier(): Token

返回参数的名称,本例中是 age。

- public func isNamedParam(): Bool

参数是否是命名参数,在该示例中,参数名称和类型中间的分隔符是"!:",表明该参数是命名参数。

- public func getAssignment(): Option < Expr >

返回参数的初始化表达式,本例中是常量 20。

- public func getType(): Type

返回参数的类型,本例中是 Int64 类型。

在实际软件开发中,函数的参数个数可能是 0 个、1 个或者多个。包含多个参数的示例函数如下:

```
func demoFunc(name:String,age: Int64,height:Float64) {}
```

对于这种情形，仓颉语言提供了一种更适合的参数列表类型，叫作 FuncParamList，该类型包括一个获取函数参数数组的函数。

- public func getParams()：Array<FuncParam>

将函数参数列表以参数数组的形式返回。

7.2 普通函数声明

普通函数声明的类型是 FuncDecl，用来表示除 main 函数和主构造函数以外的其他非柯里化函数，它的常用成员函数如下所示。

- public func getModifiers()：Tokens

返回函数声明的修饰词，可以是访问性修饰词，例如 public、protected 和 private，也可以是 static、open、redef 等其他修饰词。

- public func getKeyword()：Token

返回函数的关键字，普通函数是 func。

- public func getAnnotations()：Array<Annotation>

返回函数的注解，因为可能同时存在多个注解，所以使用数组返回。

- public func getIdentifier()：Token

返回函数的标识符，也就是函数名称。

- public func getParamList()：FuncParamList

返回函数的参数列表。

- public func getType()：Option<Type>

返回函数的返回值类型，如果定义时没有显式标识返回值类型（可以通过推断得到函数返回值类型），就返回 Option.None。

- public func getBody()：Array<Node>

返回函数的函数体部分，也就是函数体里的节点数组。

- public func getGeneric()：Option<Generic>

如果是泛型函数，则返回函数的泛型标识，否则返回 Option.None。关于泛型的详细介绍参见第 9 章。

- public func isOperatorFunc()：Bool

是否是操作符重载函数。

• public func isSetter()：Bool

是否是属性的 Setter 函数。

• public func isGetter()：Bool

是否是属性的 Getter 函数。

普通函数声明的成员函数较多，下面的示例构造了两个函数声明，第 1 个是泛型函数声明，第 2 个是重定义静态函数声明，通过函数 printFuncDeclare 输出函数声明的各个组成部分，示例代码如下：

```
//Chapter7/func_decl/src/func_decl.cj

from std import ast.*

main() {
    //定义泛型函数声明，为了演示注解功能，该函数被加上了注解@when
    var decl = parseFuncDecl(
        quote(
            @when[os == "Windows"]
            public func demoFunc<T>(count: Int64, content: T): Unit where T <: ToString {
                for (i in 0..count) {
                    println(content)
                }
            }
        )
    )

    printFuncDeclare(decl)

    //定义重定义的静态函数声明
    decl = parseFuncDecl(
        quote(
            public redef static func demoFunc(count: Int64): String {
                let content = "cangjie"
                for (i in 0..count) {
                    println(content)
                }
                return content
            }
        )
    )

    printFuncDeclare(decl)
}
```

```
//输出函数的组成部分
func printFuncDeclare(funcDel: FuncDecl): Unit {
    //输出函数名称
    println("Func Id:" + funcDel.getIdentifier().value)

    //输出关键字
    println("Keyword:" + funcDel.getKeyword().value)

    //输出每个函数修饰词
    for (modify in funcDel.getModifiers()) {
        println("Modify:" + modify.value)
    }

    //输出每个注解
    for (anno in funcDel.getAnnotations()) {
        println("Anno:" + anno.toTokens().toString())
    }

    //输出每个函数参数
    for (param in funcDel.getParamList().getParams()) {
        println("Param:" + param.toTokens().toString())
    }

    //输出函数返回值类型
    if (let Some(value) = funcDel.getType()) {
        println("Func type:" + value.toTokens().toString())
    }

    //输出函数体的每个节点
    for (node in funcDel.getBody()) {
        //输出声明节点
        if (node.isDecl()) {
            println("Decl Node:" + node.toTokens().toString())
        } else if (node.isExpr()) {                    //输出表达式节点
            println("Expr Node:" + node.toTokens().toString())
        } else {                                       //输出其他节点
            println("Other Node:" + node.toTokens().toString())
        }
    }

    //判断输出是否是 Getter 函数
    println("Getter:" + funcDel.isGetter().toString())
```

```
    //判断输出是否是 Setter 函数
    println("Setter:" + funcDel.isSetter().toString())

    //判断输出是否是操作符重载函数
    println("OperatorFunc:" + funcDel.isOperatorFunc().toString())

    //对于泛型函数,输出泛型
    if (let Some(value) = funcDel.getGeneric()) {
        println("Generic:" + value.toTokens().toString())
    }

    println()
}
```

编译后运行该示例,命令及输出如下:

```
cjc func_decl.cj
main.exe
Func Id:demoFunc
Keyword:func
Modify:public
Anno:@ when [ os == Windows ]
Param:count : Int64 ,
Param:content : T
Func type:Unit
Expr Node:for ( i in 0 .. count ) {   println ( content ) NL }
Getter:false
Setter:false
OperatorFunc:false
Generic:< T > where T <: ToString

Func Id:demoFunc
Keyword:func
Modify:static
Modify:public
Modify:redef
Param:count : Int64
Func type:String
Decl Node:let content = cangjie
Expr Node:for ( i in 0 .. count ) {   println ( content ) NL }
Expr Node:return content
Getter:false
Setter:false
OperatorFunc:false
```

7.3 面向切面编程的实现

7.3.1 切面编程思想

面向切面编程是一种重要的现代编程思想，通过仓颉元编程中的自定义宏能力，可以很好地支持切面编程的实现，关于宏的使用将在第 11 章详细介绍。本节将演示切面编程的基本思想，为了简单起见，假设把函数的调用前和调用后作为两个切面，在此切面可以执行特定的功能，为实现这个特性，需要在函数执行前后定义切点并织入自定义代码，示意图如图 7-1 所示。

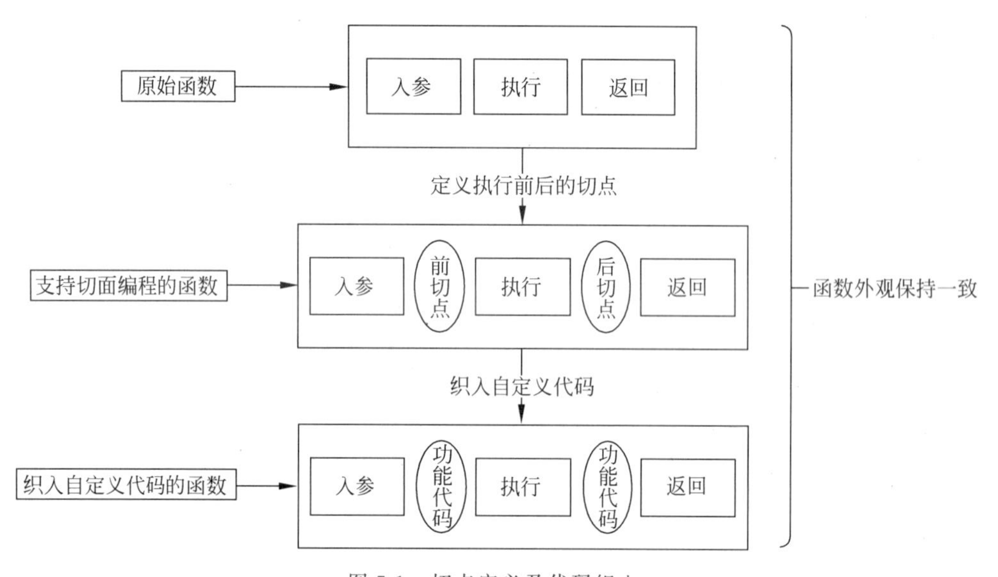

图 7-1 切点定义及代码织入

在具体的切面编程实现上，大体可以分为两个方向，一个是编译期实现，另一个是运行期实现。两者各有特点，具体到仓颉来讲，目前支持编译期实现，也就是在编译过程中就把代码织入切入点，这种方式在性能上几乎没有损失，可以高效地运行。

7.3.2 切面编程示例及解析

仓颉是如何实现代码织入的呢？这里先看一下织入前后的代码对比，了解之间的差别，然后探讨具体的实现方式，在织入代码的功能上，要求前切点将所有的参数输出到控制台，后切点将返回值输出到控制台。演示函数的名称为 add，可以把两个整型变量相加并返回结果，原始函数的代码如下：

```
//Chapter7/cut_point_ori/src/cut_point_ori_demo.cj

main() {
    let sum = add(1, 2)
    println("The sum is ${sum}")
}

func add(a: Int64, b: Int64): Int64 {
    a + b
}
```

编译后运行该示例，命令及输出如下：

```
cjc cut_point_ori_demo.cj
main.exe
The sum is 3
```

该示例根据 main 函数的要求输出了两个参数的和。

再看一下织入切点代码后的函数，代码如下：

```
//Chapter7/cut_point/src/cut_point_demo.cj

main() {
    let sum = add(1, 2)
    println("The sum is ${sum}")
}

func add(a: Int64, b: Int64): Int64 {
    func add(a: Int64, b: Int64): Int64 {
        a + b
    }

    //前切点，输出第 1 个参数的名称和实参值
    if (a is ToString) {
        println("a: ${(a as ToString).getOrThrow()}")
    }

    //前切点，输出第 2 个参数的名称和实参值
    if (b is ToString) {
```

```
        println("b: ${(b as ToString).getOrThrow()}")
    }

    //调用内部函数 add,这里相当于调用原始函数
    let result = add(a, b)

    //后切点,将返回值输出到控制台
    if (result is ToString) {
        println("result: ${(result as ToString).getOrThrow()}")
    }

    //返回
    return result
}
```

编译后运行该示例,命令及输出如下:

```
cjc cut_point_demo.cj
main.exe
a:1
b:2
result:3
The sum is 3
```

可以看到,这里不但输出了 main 函数要求输出的参数和,还在前后切点输出了参数值和返回值。

分析一下上述原始函数和织入切点功能代码后的函数,可以归纳出原始函数变换为支持切面编程函数的流程。

(1) 按照原始函数的修饰词、函数名称、参数和返回值类型创建变换后的函数,此时不包括函数体代码,在上述示例中,原始函数为 add,变换后的函数也叫 add,对应的示例代码如下:

```
func add(a: Int64, b: Int64): Int64 {}
```

(2) 在变换后的函数体内创建内部函数,该函数的名称、参数和返回值类型与原始函数一样,如果原函数包括修饰词,则在创建内部函数时要去掉,上例中的内部函数对应的示例代码如下:

```
func add(a: Int64, b: Int64): Int64 {
    a + b
}
```

(3) 创建内部函数后,紧接着是输出变换后函数的参数名称和参数值,也就是切面编程中的前切点,为了简单起见,这里只输出实现了 ToString 接口的参数,对应的示例代码如下:

```
if (a is ToString) {
    println("a: ${(a as ToString).getOrThrow()}")
}

if (b is ToString) {
    println("b: ${(b as ToString).getOrThrow()}")
}
```

(4) 前切点创建完毕,就要开始执行原始函数的功能,这里使用内部函数代替原始函数,并且把执行的返回值赋给变量 result,对应的示例代码如下:

```
let result = add(a,b)
```

(5) 创建后切点,也就是把存储执行结果的变量 result 输出到控制台,对应的示例代码如下:

```
if (result is ToString) {
    println("result: ${(result as ToString).getOrThrow()}")
}
```

(6) 返回内部函数的执行结果,也就是返回 result,这样,就完整地模拟了对原始函数功能的调用,对应的示例代码如下:

```
return result
```

7.3.3 函数变换的实现

通过 7.3.2 节的分析可知,面向切面编程的关键点是函数的变换,如果实现了函数的自动变换,就解决了面向切面编程的主要问题。本节将通过几个示例,逐步演示函数变换中的内部函数重建、参数输出、原始函数调用、执行结果输出等功能,最终生成支持切面功能的函数。

1. 内部函数重建

对于内部函数生成,要实现的功能是去除函数的修饰词,一个自然直接的想法是在获取函数声明对象以后,直接删除该对象所有的修饰词,但是,因为仓颉的语法树不支持直接修改对象的值，所以不能通过这种方式实现。可行的实现方式是重新拼装函数代码，并且在新拼装的函数代码中去掉修饰词部分，然后构造 Tokens 得到新的函数声明，示例代码如下（为了简化代码，暂不考虑泛型函数）：

```
//Chapter7/rebuild_func/src/rebuild_func.cj

from std import ast. *

main() {
    //定义包含修饰词、参数和返回值类型的函数声明
    var funcDecl = parseFuncDecl(
        quote(
            protected func add(a: Int64, b: Int64): Int64 {
                return a + b
            }
        )
    )

    //函数重建
    var newFunc = rebuildFunc(funcDecl)

    //输出原始函数
    println(funcDecl.toTokens().toString())

    //输出重建后的函数
    println(newFunc.toTokens().toString())

    //定义不包含修饰词、参数和返回值类型的函数声明
    funcDecl = parseFuncDecl(
        quote(
            func helloCangjie(){
                "Hello cangjie"
            }
        )
    )

    //函数重建
    newFunc = rebuildFunc(funcDecl)

    //输出原始函数
    println(funcDecl.toTokens().toString())

    //输出重建后的函数
```

```
    println(newFunc.toTokens().toString())
}

//将原始函数重建为不包含修饰词的函数
func rebuildFunc(funcDecl: FuncDecl): FuncDecl {
    //函数名称的 token
    let funcName = funcDecl.getIdentifier()

    //函数参数数组
    let funcParamList = funcDecl.getParamList().getParams()

    //函数返回值类型
    let returnType = funcDecl.getType()

    //函数体
    let funcBody = funcDecl.getBody()

    //重新构造不带修饰词的函数
    //如果函数显式地定义了返回值类型
    if (let Some(returnType) = funcDecl.getType()) {
        parseFuncDecl(
            quote(
                    func $funcName($funcParamList): $returnType
                    {
                        $funcBody
                    }
            )
        )
    } else {                //如果函数没有定义返回值类型
        parseFuncDecl(
            quote(
                    func $funcName($funcParamList)
                    {
                      $funcBody
                    }
            )
        )
    }
}
```

编译后运行该示例，命令及输出如下：

```
cjc rebuild_func.cj
main.exe
```

```
protected func add ( a : Int64 , b : Int64 ) : Int64 {   return a + b NL }
func add ( a : Int64 , b : Int64 ) : Int64 {   return a + b NL }
func helloCangjie () {   hello cangjie NL }
func helloCangjie () {   hello cangjie NL }
```

2. 参数输出

获得函数声明对象后，输出参数名称及参数值是比较容易实现的，代码如下：

```
//Chapter7/param_log/src/param_log.cj

from std import ast.*

main() {
    //定义包含参数的函数声明
    var funcDecl = parseFuncDecl(
        quote(
            func add(a: Int64, b: Int64): Int64 {
                return a + b
            }
        )
    )

    //得到参数日志 tokens
    let logParamsToken = buildParamsLogFaram(funcDecl)

    //输出生成的参数日志，为便于查看生成的代码，这里做了换行和空格的输出处理
    for (token in logParamsToken) {
        if (token.kind == TokenKind.NL) {
            println()
        } else {
            print(token.value + " ")
        }
    }
}

//生成函数定义声明的参数日志
func buildParamsLogFaram(funcDecl: FuncDecl): Tokens {
    var paramsLogToken = Tokens()
    let funcParamList = funcDecl.getParamList().getParams()

    //遍历函数参数
    for (funcParam in funcParamList) {
```

```
        //参数名称
        let paramName = funcParam.getIdentifier()

        //参数名称和对应的参数值输出模板
        let paramLog = "println(\"" + paramName.value + ":\${(" + paramName.value + " as ToString).getOrThrow()}\")"

        //构造该参数输出对应的 Tokens
        let macroParam = quote(
            if ( $paramName is ToString) {
                $paramLog
            }
        )
        paramsLogToken = paramsLogToken + macroParam
    }

    return paramsLogToken
}
```

编译后运行该示例，命令及输出如下：

```
cjc param_log.cj
main.exe

if ( a is ToString ) {
println("a: ${(a as ToString).getOrThrow()}")
}

if ( b is ToString ) {
println("b: ${(b as ToString).getOrThrow()}")
}
```

3. 原始函数调用

本部分要实现的功能是调用原始函数，并且把结果赋给变量 result，代码如下：

```
//Chapter7/call_func/src/call_func.cj

from std import ast.*

main() {
    //定义包含参数的函数声明
```

```
    var funcDecl = parseFuncDecl(
        quote(
            func add(a: Int64, b: Int64): Int64 {
                return a + b
            }
        )
    )

    //得到函数调用的 Tokens
    let callFuncToken = callFunc(funcDecl)

    //把 callFuncToken 生成变量定义
    let resultDec = parseVarDecl(callFuncToken)

    //输出变量定义的代码
    println(resultDec.toTokens().toString())
}

//生成函数调用并赋值给 result 变量的 Tokens
func callFunc(funcDecl: FuncDecl): Tokens {
    //获取函数名称
    let funcName = funcDecl.getIdentifier()
    var callFuncTokens = quote( let result = $funcName\()

    //是否是第 1 个参数
    var firstParam = true
    for (funcParam in funcDecl.getParamList().getParams()) {
        let paramName = funcParam.getIdentifier()

        //如果是第 1 个参数,则后面不加逗号
        if (firstParam) {
            callFuncTokens = callFuncTokens + quote( $paramName)
            firstParam = false
        } else {              //如果不是第 1 个参数,则参数前面加逗号
            callFuncTokens = callFuncTokens + quote(, $paramName)
        }
    }
    callFuncTokens = callFuncTokens + quote(\))

    return callFuncTokens
}
```

编译后运行该示例,命令及输出如下:

```
cjc call_func.cj
main.exe
let result = add ( a , b )
```

4. 执行结果输出

后切点的功能是把上一步定义的 result 变量输出到控制台，然后返回 result 变量作为函数返回值，本步骤的输出和具体的函数定义无关，对于各种类型的函数都是固定的代码，示例代码如下：

```
//Chapter7/create_exec/src/create_exec_result.cj

from std import ast.*

main() {
    let returnLog = "\"result:\ ${(result as ToString).getOrThrow()}\""
    let resultTokens = quote(
        if (result is ToString) {
            println( $returnLog)
        }

        return result
    )

    //输出生成的代码,为便于查看,这里做了换行和空格的输出处理
    for (token in resultTokens) {
        if (token.kind == TokenKind.NL) {
            println()
        } else {
            print(token.value + " ")
        }
    }
}
```

编译后运行该示例，命令及输出如下：

```
cjc create_exec_result.cj
main.exe

if ( result is ToString ) {
println ( "result: ${(result as ToString).getOrThrow()}" )
```

```
    }

    return result
```

5. 切面支持函数生成

函数变换的最终目的就是把上述各步骤的结果组合起来,形成一个新的函数,该函数能取代原始函数的功能,同时把前后切点的功能代码织入进去,示例代码如下:

```
//Chapter7/create_cut/src/create_cut_supply_func.cj

from std import ast.*

main() {
    //定义包含参数的函数声明
    var funcDecl = parseFuncDecl(
        quote(
            func add(a: Int64, b: Int64): Int64 {
                return a + b
            }
        )
    )

    //函数的参数数组
    let funcParamList = funcDecl.getParamList().getParams()

    //函数参数输出到控制台的 tokens
    let paramsLogTokens = buildParamsLogTokens(funcParamList)

    //函数名称
    let funcName = funcDecl.getIdentifier()

    //调用原始函数的 tokens
    var callOriFuncTokens = buildCallOriFuncTokens(funcName, funcParamList)

    //函数修饰词
    let funcModify = funcDecl.getModifiers()

    //函数返回值类型
    let funcReturn = funcDecl.getType()

    //输出返回值的格式化字符串
```

```
    let returnLog = "\"result:\ ${(result as ToString).getOrThrow()}\""

    //表示转换后函数的 tokens,这一部分用于生成函数的定义部分
    var newFuncTokens = if (let Some(value) = funcReturn) {
        quote(
            $funcModify func $funcName ( $funcParamList): $value)
    } else {
        quote(
            $funcModify func $funcName ( $funcParamList))
    }

    //加上函数体部分
    newFuncTokens = newFuncTokens + quote(
        {
            func $funcName( $funcParamList)
            {
                $(funcDecl.getBody())
            }

            $paramsLogTokens
            $callOriFuncTokens
            if (result is ToString) {
                println( $returnLog)
            }

            return result
        }
    )

    //输出变换后的函数代码,为便于查看,这里做了换行和空格的输出处理
    for (token in newFuncTokens) {
        if (token.kind == TokenKind.NL) {
            println()
        } else {
            print(token.value + " ")
        }
    }
}

//生成调用原始函数的 tokens
func buildCallOriFuncTokens(funcName: Token, funcParamList: Array<NodeFormat_FuncParam>) {
    var callFuncTokens = quote( let result = $funcName\()
```

```
    //是否是第 1 个参数
    var firstParam = true
    for (funcParam in funcParamList) {
        let paramName = funcParam.getIdentifier()

        //如果是第 1 个参数,则后面不加逗号
        if (firstParam) {
            callFuncTokens = callFuncTokens + quote($paramName)
            firstParam = false
        } else {                  //如果不是第 1 个参数,则参数前面加逗号
            callFuncTokens = callFuncTokens + quote(, $paramName)
        }
    }
    callFuncTokens = callFuncTokens + quote(\))
    return callFuncTokens
}

//生成函数参数输出到控制台的 Tokens
func buildParamsLogTokens(funcParamList: Array<NodeFormat_FuncParam>) {
    //表示参数输出的 Tokens
    var paramsLogTokens = Tokens()

    //遍历每个函数参数,把参数输出的 Tokens 添加到 paramsLogTokens 中
    for (funcParam in funcParamList) {
        //参数名称
        let paramName = funcParam.getIdentifier()

        //参数名称和对应的参数值输出模板
        let paramLog = "println(\"" + paramName.value + ":\ ${(" + paramName.value + " as
ToString).getOrThrow()}\")"

        //构造该参数输出对应的 Tokens
        let macroParam = quote(
            if ($paramName is ToString) {
                $paramLog
            }
        )
        paramsLogTokens = paramsLogTokens + macroParam
    }
    return paramsLogTokens
}
```

编译后运行该示例,命令及输出如下:

```
cjc create_cut_supply_func.cj
main.exe

func add ( a : Int64 , b : Int64 ) : Int64
{
func add ( a : Int64 , b : Int64 )
{
return a + b

}


if ( a is ToString ) {
println("a: ${(a as ToString).getOrThrow()}")
}

if ( b is ToString ) {
println("b: ${(b as ToString).getOrThrow()}")
}

let result = add ( a , b )
if ( result is ToString ) {
println ( "result: ${(result as ToString).getOrThrow()}" )
}

return result
}
```

输出的内容表明，变换后的函数已经正确地织入了前后切点，并且保持了织入前后的函数名称和类型完全一致。当然，这只是面向切面编程的其中一个步骤，完整的切面编程还需要仓颉宏的支持，后续章节将详细讲解宏的定义和使用。

7.4　main 函数声明

main 函数是一种特殊的函数，声明类型为 MainDecl，它的常用成员函数比普通函数声明要少一些，主要函数如下所示。

- public func getKeyword(): Token

返回函数的关键字 main。

- public func getParamList()：FuncParamList

返回函数的参数列表。注意，main 函数如果有参数，则参数类型只能是字符串数组。

- public func getType()：Option<Type>

返回函数的返回值类型，如果定义时没有显式标识返回值类型（可以通过推断得到函数返回值类型），则返回 Option.None。对于 main 函数来讲，返回值类型只能是 Unit 或者整型。

- public func getBody()：Array<Node>

返回函数的函数体部分，也就是函数体里的节点。

main 函数声明的函数用法和普通函数基本类似，此处就不再通过示例演示了。

第 8 章

class 声明

8.1 成员函数

class 是仓颉语言的核心概念之一，在仓颉元编程中，class 对应的类型被定义为 ClassDecl，包括以下的常用成员函数。

- public func getModifiers()：Tokens

返回 class 声明的修饰词。

- public func getKeyword()：Token

返回 class 声明的关键字 class。

- public func getIdentifier()：Token

返回 class 声明的标识符，也就是类名称。

- public func getSuperTypes()：Array<Type>

返回 class 声明的父类型，因为父类型可能有多个，所以返回值为 Type 数组。

- public func getBody()：Array<Decl>

返回 class 声明的定义体，因为定义体可能包括多个声明，所以使用数组返回。

- public func getGeneric()：Option<Generic>

如果是泛型 class，则返回 class 声明的泛型标识，否则返回 Option. None。

成员函数的示例代码如下，在该示例中，首先定义一个实现了接口的泛型 class 声明，然后使用函数 printClsDecl 输出了该声明的主要信息。

```
//Chapter8/cls_decl/src/cls_decl.cj

from std import ast. *
```

```
main() {
    //定义实现了接口的泛型 class 声明
    var clsDecl = parseClassDecl(
        quote(
            public open class Demo<T> <: ToString where T <: ToString {
                let value: T
                var times: Int64
                init(times: Int64, value: T) {
                    this.times = times
                    this.value = value
                }

                public func toString(): String {
                    let sb = StringBuilder()
                    for (i in 0..times) {
                        sb.append(value)
                    }
                    return sb.toString()
                }
            }
        )
    )

    printClsDecl(clsDecl)
}

//输出 class 声明信息
func printClsDecl(clsDecl: ClassDecl) {
    //输出类的名称
    println("Class Name:" + clsDecl.getIdentifier().value)

    //输出关键字 class
    println("Keyword:" + clsDecl.getKeyword().value)

    //输出每个修饰词
    for (modify in clsDecl.getModifiers()) {
        println("Modify:" + modify.toTokens().toString())
    }

    //如果是泛型 class,则输出泛型信息
    if (let Some(value) = clsDecl.getGeneric()) {
        println("Generic:" + value.toTokens().toString())
    }
```

```
    //输出每个父类型
    for (sType in clsDecl.getSuperTypes()) {
        println("SuperType:" + sType.toTokens().toString())
    }

    //输出 class 定义体的每个定义
    for (node in clsDecl.getBody()) {
        println("Node:" + node.toTokens().toString())
    }
}
```

编译后运行该示例,命令及输出如下：

```
cjc cls_decl.cj
main.exe
Class Name:Demo
Keyword:class
Modify:public
Modify:open
Generic:< T > where T <: ToString
SuperType:ToString
Node:let value : T
Node:var times : Int64
Node:init ( times : Int64 , value : T ) {  this . times = times NL this . value = value NL }
Node:public func toString () : String {  let sb = StringBuilder () NL for ( i in 0 .. times )
{  sb . append ( value ) NL } NL return sb . toString () NL }
```

8.2 主构造函数声明

class 中的主构造函数是一种特殊的函数,它的类型定义是 PrimaryCtorDecl,常用成员函数如下所示。

- public func getIdentifier(): Token

返回主构造函数的标识符,也就是函数名称。

- public func getFuncBody(): FuncBody

返回主构造函数的函数体。

对于 FuncBody 类型，常用的成员函数如下所示。

- public func getParamList()：FuncParamList

返回 FuncBody 的参数列表。

- public func getType()：Option<Type>

返回 FuncBody 的返回值类型，因为主构造函数没有返回值类型，所以对于主构造函数，它的 FuncBody 的返回值类型始终是 Option.None。

- public func getBlock()：Option<Block>

返回 FuncBody 的函数体部分。

PrimaryCtorDecl 类型不支持通过代码直接构造，可以在获取 class 类型声明后，通过它的 getBody 函数得到定义体中所有的声明，然后判断某个声明是否是 PrimaryCtorDecl 类型，然后将该声明转换为 PrimaryCtorDecl 类型。因为主构造函数的特殊性，在使用成员变量形参时可以简化代码，所以可能出现函数体为空的情况，这时通过 FuncBody 的成员函数 getBlock 获得的对象是 Option.None。

主构造函数声明的成员函数的示例代码如下：

```
//Chapter8/primary_decl/src/primary_decl.cj

from std import ast.*

main() {
    //定义包含主构造函数的 class 声明
    var clsDecl = parseClassDecl(
        quote(
            class Demo {
                private var height: Float64 = 1.82

                Demo(height: Float64, let name: String, var age!: Int64 = 18) {
                    this.height = height
                }
            }
        )
    )

    //遍历类定义体的声明项
    for (decl in clsDecl.getBody()) {
        //如果是主构造函数,则打印主构造函数信息
        if (decl.isPrimaryCtorDecl()) {
            let primaryCtorDecl = decl.asPrimaryCtorDecl()
```

```
            printPrimaryDecl(primaryCtorDecl)
        }
    }

    //定义 class 声明,它的主构造函数的函数体不包含内容
    clsDecl = parseClassDecl(
        quote(
            class DemoSimple {
                DemoSimple(let name: String, var age: Int64) {}
            }
        )
    )

    //遍历类定义体的声明项
    for (decl in clsDecl.getBody()) {
        //如果是主构造函数,则打印主构造函数信息
        if (decl.isPrimaryCtorDecl()) {
            let primaryCtorDecl = decl.asPrimaryCtorDecl()
            printPrimaryDecl(primaryCtorDecl)
        }
    }
}

//打印主构造函数信息
func printPrimaryDecl(primaryCtorDecl: PrimaryCtorDecl) {
    //构造函数名称
    println("Function Name:" + primaryCtorDecl.getIdentifier().value)

    //获取构造函数体
    let funcBody = primaryCtorDecl.getFuncBody()

    //遍历参数
    for (param in funcBody.getParamList().getParams()) {
        //打印参数名称
        print("Param Name:" + param.getIdentifier().value)

        //打印参数类型
        print("  Param Type:" + param.getType().toTokens().toString())

        //判断打印参数是否为命名参数
        println("  Named Param:" + param.isNamedParam().toString())

        //如果参数有初始化表达式,则打印表达式
        if (let Some(assign) = param.getAssignment()) {
```

```
            println("Assignment:" + assign.toTokens().toString())
        }
    }

    //函数体是否有代码(主构造函数可以省略函数体的赋值代码)
    if (let Some(block) = funcBody.getBlock()) {
        //打印函数体的每个节点内容
        for (node in block.getBody()) {
            println(node.toTokens().toString())
        }
    }
    println()
}
```

编译后运行该示例,命令及输出如下:

```
cjc primary_decl.cj
main.exe
Function Name:Demo
Param Name:height  Param Type:Float64   Named Param:false
Param Name:name  Param Type:String   Named Param:false
Param Name:age  Param Type:Int64   Named Param:true
Assignment:18
this . height = height

Function Name:DemoSimple
Param Name:name  Param Type:String   Named Param:false
Param Name:age  Param Type:Int64   Named Param:false
```

8.3 属性声明

属性是结构体和类的成员之一,属性声明的类型名称为 PropDecl,包括以下常用成员函数。

- public func hasVar(): Bool

属性是否由 var 修饰,如果是,则返回值为 true,否则返回值为 false。

- public func getIdentifier(): Token

返回属性的名字。

- public func getType(): Type

返回属性的类型。

- public func getModifiers(): Tokens

返回属性的修饰词。

- public func getGetter(): Option < FuncDecl >

返回属性的 getter。

- public func getSetter(): Option < FuncDecl >

返回属性的 setter。

属性声明的成员函数的示例代码如下：

```
//Chapter8/prop_decl/src/prop_decl.cj

from std import ast.*

main() {
    //定义包含属性的 class 声明
    var clsDecl = parseClassDecl(
        quote(
            class Demo {
                private var salary: Float64 = 2000.0

                public prop var PublicSalary: Float64 {
                    get() {
                        salary
                    }
                    set(value) {
                        if (value < 2100.0) {
                            salary = 2100.0
                        } else {
                            salary = value
                        }
                    }
                }
            }
        )
    )

    //遍历类定义体声明项
    for (decl in clsDecl.getBody()) {
```

```
        //如果是属性声明,则打印属性声明信息
        if (decl.isPropDecl()) {
            printPropDecl(decl.asPropDecl())
        }
    }
}

//打印属性信息
func printPropDecl(propDecl: PropDecl) {
    //构造属性名称
    println("Prop Name:" + propDecl.getIdentifier().value)

    //打印 var 声明
    println("Var Prop:" + propDecl.hasVar().toString())

    //打印属性类型
    println("Prop Type:" + propDecl.getType().toTokens().toString())

    //输出每个修饰词
    for (modify in propDecl.getModifiers()) {
        println("Modify:" + modify.toTokens().toString())
    }

    //如果包含 getter,则输出 get 函数信息
    if (let Some(value) = propDecl.getGetter()) {
        println("Is Getter:" + value.isGetter().toString())
        println("Getter Function:" + value.toTokens().toString())
    }

    //如果包含 setter,则输出 set 函数信息
    if (let Some(value) = propDecl.getSetter()) {
        println("Is Setter:" + value.isSetter().toString())
        println("Setter Function:" + value.toTokens().toString())
    }
}
```

编译后运行该示例,命令及输出如下:

```
cjc prop_decl.cj
main.exe
Prop Name:PublicSalary
Var Prop:true
Prop Type:Float64
```

```
Modify:public
Is Getter:true
Getter Function: get () { salary NL }
Is Setter:true
Setter Function: set ( value ) { if ( value < 2100.0 ) { salary = 2100.0 NL } else { salary = value
NL } NL }
```

第 9 章

泛型与模式匹配

9.1 泛型

在抽象语法树中，泛型对应的类型为 Generic，包括以下成员函数。

- public func getTypeParameters()：Tokens

返回泛型的类型形参，如果泛型有多种类型形参，则一起返回。

- public func getConstraints()：Array<GenericConstraint>

返回泛型约束数组，每个泛型形参的约束都对应返回数组中的一项。泛型约束的类型名称为 GenericConstraint，包括以下成员。

- public func getType()：RefType

返回泛型约束针对的泛型类型形参。

- public func getUpperBound()：Array<Type>

因为泛型形参允许同时存在多个约束，所以该函数会返回约束类型数组，并且每个接口约束或者子类型约束为数组的一项。

泛型可以存在于类、结构体、枚举、函数和接口中，下面将通过一个泛型类的示例演示成员函数的用法。

```
//Chapter9/generic_demo/src/generic_demo.cj

from std import ast.*

main() {
    //定义包含泛型及约束的 class 声明
    var clsDecl = parseClassDecl(
        quote(
```

```
            public open class Demo < T, K, M > where T <: ToString, K <: Collection < M > & ToString,
M <: ToString {
                Demo(let key: T, let values: K) {}
                func printItem() {
                    for (item in values.iterator()) {
                        println(item)
                    }
                }
            }
        )
    )

    //class 声明是否包含泛型
    if (let Some(gene) = clsDecl.getGeneric()) {
        //输出泛型类型形参
        for (typeParam in gene.getTypeParameters()) {
            println("Type Parameter:" + typeParam.value)
        }

        //遍历约束
        for (item in gene.getConstraints()) {
            //约束针对的类型
            println("Constraint Type:" + item.getType().toTokens().toString())

            //输出子类型或者接口约束
            for (bound in item.getUpperBound()) {
                println("Constraint UpperBound:" + bound.toTokens().toString())
            }
        }
    }
}
```

编译后运行该示例,命令及输出如下:

```
cjc generic_demo.cj
main.exe
Type Parameter:T
Type Parameter:K
Type Parameter:M
Constraint Type:T
Constraint UpperBound:ToString
Constraint Type:K
Constraint UpperBound:Collection < M >
```

```
Constraint UpperBound:ToString
Constraint Type:M
Constraint UpperBound:ToString
```

9.2 模式匹配

9.2.1 match 表达式

match 表达式一般分为两种类型，一种包含匹配值，另一种不包含匹配值，这两种表达式的示例代码如下：

```
func selectorMatch(age: Int64, score: Int64) {
    match (score) {
        case 0 | 10 | 20 | 30 | 40 | 50 => "D"
        case 60 where age > 18 => "D"
        case 60 where age <= 18 => "C"
        case 70 | 80 => "B"
        case 90 | 100 => "A"
        case _ => "Not a valid score"
    }
}
func nonSelectorMatch() {
    let x = -1
    match {
        case x > 0 => print("x > 0")
        case x < 0 => print("x < 0")
        case _ => print("x = 0")
    }
}
```

示例中，第 1 个函数中的 match 表达式为包含匹配值的表达式，第 2 个函数中的 match 表达式为不包含匹配值的表达式。

match 表达式的类型名称为 MatchExpr，包括以下常用成员函数。

- public func getMatchMode(): Bool

是否包含匹配值的表达式，如果包含匹配值，则返回值为 true，否则返回值为 false。

- public func getSelector(): Option<Expr>

对于包含匹配值的表达式，返回匹配值，以示例中的第1个表达式为例，使用该函数会返回score；对于不包含匹配值的表达式，返回Option.None。

- public func getMatchCases(): Array < MatchCase >

对于包含匹配值的表达式，该函数会返回所有的分支数组，每个分支是MatchCase类型。以示例中的第1个表达式为例，会返回所有6个分支；如果是第2个表达式，则会返回空数组。

- public func getMatchCaseOthers(): Array < MatchCaseOther >

对于不包含匹配值的表达式，该函数会返回所有的分支数组，每个分支是MatchCaseOther类型。以示例中的第2个表达式为例，会返回所有3个分支；如果是第1个表达式，则会返回空数组。

在上述函数的返回值类型里使用了MatchCase类型和MatchCaseOther类型，这两种类型分别表示带匹配值的match表达式分支和不带匹配值的match表达式分支，包括的成员函数分别如下所示。

1. MatchCase 类型

- public func getPatterns(): Array < Pattern >

返回分支所有的模式。以示例第1个表达式的第1个分支为例，0、10、20、30、40、50都是该分支的模式。

- public func getPatternGuard(): Expr

返回分支的PatternGuard表达式。以示例第1个表达式的第2个分支为例，PatternGuard表达式为age > 18。

- public func getExprOrDecls(): Array < Node >

返回分支=>符号后的执行部分，因为执行部分可以包括多个表达式或者声明，所以以数组的形式返回。以示例第1个表达式的第1个分支为例，执行部分为"D"。

2. MatchCaseOther 类型

- public func getMatchExpr(): Node

返回分支的匹配表达式。以示例第2个表达式的第1个分支为例，匹配表达式为x>0。

- public func getExprOrDecls(): Array < Node >

返回分支=>符号后的执行部分，因为执行部分可以包含多个表达式或者声明，所以以数组的形式返回。以示例第2个表达式的第1个分支为例，执行部分为print("x > 0")。

match 表达式的综合示例代码如下：

```
//Chapter9/match_demo/src/match_demo.cj

from std import ast.*

main() {
    //定义函数声明,该函数的匹配表达式包含匹配值
    var funcDecl = parseFuncDecl(
        quote(
            func selectorMatch(age: Int64, score: Int64) {
                match (score) {
                    case 0 | 10 | 20 | 30 | 40 | 50 => "D"
                    case 60 where age > 18 => "D"
                    case 60 where age <= 18 => "C"
                    case 70 | 80 => "B"
                    case 90 | 100 => "A"
                    case _ => "Not a valid score"
                }
            }
        )
    )

    //打印模式匹配表达式
    if (let Some(matchExpr) = getMatchExpr(funcDecl)) {
        printMatchExpr(matchExpr)
    }

    //定义函数声明,该函数的匹配表达式不包含匹配值
    funcDecl = parseFuncDecl(
        quote(
            func nonSelectorMatch() {
                let x = -1
                match {
                    case x > 0 => print("x > 0")
                    case x < 0 => print("x < 0")
                    case _ => print("x = 0")
                }
            }
        )
    )

    //打印模式匹配表达式
```

```
    if (let Some(matchExpr) = getMatchExpr(funcDecl)) {
        printMatchExpr(matchExpr)
    }
}

//从函数声明中找到模式匹配表达式
func getMatchExpr(funcDecl: FuncDecl): Option<MatchExpr> {
    for (node in funcDecl.getBody()) {
        if (node.isExpr()) {
            if (node.asExpr().isMatchExpr()) {
                return node.asExpr().asMatchExpr()
            }
        }
    }

    return Option.None
}

func printMatchExpr(matchExpr: MatchExpr) {
    //输出是否包含匹配值的表达式
    println("MatchMode:" + matchExpr.getMatchMode().toString())

    //输出匹配值
    if (let Some(select) = matchExpr.getSelector()) {
        println("Selector:" + select.toTokens().toString())
    }

    //输出包含匹配值表达式的所有分支
    for (matchCase in matchExpr.getMatchCases()) {
        //输出分支的所有模式
        for (pattern in matchCase.getPatterns()) {
            println("Pattern:" + pattern.toTokens().toString())
        }

        //输出分支的 PatternGuard
        if (let Some(patternGuard) = matchCase.getPatternGuard()) {
            println("PatternGuard:" + patternGuard.toTokens().toString())
        }

        //输出分支匹配后的执行部分
        for (node in matchCase.getExprOrDecls()) {
            println("Match successful operations:" + node.toTokens().toString())
        }
        println()
```

```
    }

    //输出不包含匹配值表达式的所有分支
    for (other in matchExpr.getMatchCaseOthers()) {
        //输出匹配表达式
        println("Other MatchExpr:" + other.getMatchExpr().toTokens().toString())

        //输出分支匹配后的执行部分
        for (node in other.getExprOrDecls()) {
            println("Match successful operations:" + node.toTokens().toString())
        }
    }

    println()
}
```

编译后运行该示例，命令及输出如下：

```
cjc match_demo.cj
main.exe
MatchMode:true
Selector:score
Pattern:0
Pattern:10
Pattern:20
Pattern:30
Pattern:40
Pattern:50
Match successful operations:D

Pattern:60
PatternGuard:age > 18
Match successful operations:D

Pattern:60
PatternGuard:age <=  18
Match successful operations:C

Pattern:70
Pattern:80
Match successful operations:B

Pattern:90
```

```
Pattern:100
Match successful operations:A

Pattern:_
Match successful operations:Not a valid score


MatchMode:false
Other MatchExpr:x > 0
Match successful operations:print ( x > 0 )
Other MatchExpr:x < 0
Match successful operations:print ( x < 0 )
Other MatchExpr:_
Match successful operations:print ( x = 0 )
```

9.2.2 模式

在包含匹配值的 match 表达式中，对于它的分支类型 MatchCase，可通过 getPatterns()函数返回模式数组，每个模式的类型都是 Pattern。Pattern 类型可以转换为实际的类型，例如表示常量模式的 ConstPattern，表示 Enum 模式的 EnumPattern 等，本节将介绍常用的几种模式。

1. 常量模式

模式的数据类型是字面量的模式被称为常量模式，以 9.2.1 节示例中的代码为例：

```
case 0 | 10 | 20 | 30 | 40 | 50 => "D"
```

在这行代码中，0、10、20、30、40、50 都是字面量，表示的模式就是常量模式。常量模式的类型名称为 ConstPattern，包括以下成员函数。

- public func getLiteral(): Expr

返回常量模式的字面量表达式。

2. 通配符模式

通配符模式使用下画线字符“_”表示，以 9.2.1 节示例中的代码为例：

```
case _ => "Not a valid score"
```

在这行代码中，下画线就是通配符模式。通配符模式的类型名称为 WildcardPattern，该类型没有别的变化形式，基本不使用它的成员函数。

常量模式和通配符模式的示例代码如下：

```
//Chapter9/const_pattern/src/const_pattern_demo.cj

from std import ast.*

main() {
    //定义包括常量模式和通配符模式的 match 表达式
    var matchExpr = parseMatchExpr(
        quote(
            match (10) {
                case 0 | 10 | 20 | 30 | 40 | 50 => "D"
                case _ => "Not a valid score"
            }
        )
    )
    printPattern(matchExpr)
}

func printPattern(matchExpr: MatchExpr) {
    //输出表达式的所有分支
    for (matchCase in matchExpr.getMatchCases()) {
        //输出分支的所有模式
        for (pattern in matchCase.getPatterns()) {
            //是否是常量模式
            if (pattern.isConstPattern()) {
                println("Const Pattern:" + pattern.asConstPattern().getLiteral().toTokens().
toString())
            } else if (pattern.isWildcardPattern()) {          //是否是通配符模式
                println("Wildcard Pattern:" + pattern.asWildcardPattern().toTokens().toString())
            }
        }
    }
}
```

编译后运行该示例，命令及输出如下：

```
cjc const_pattern_demo.cj
main.exe
Const Pattern:0
Const Pattern:10
Const Pattern:20
```

```
Const Pattern:30
Const Pattern:40
Const Pattern:50
Wildcard Pattern:_
```

3. VarOrEnumPattern

绑定模式对应的类型名称为 VarOrEnumPattern,它包括一个常用的成员函数。

- public func getIdentifier(): Token

返回绑定的变量名称。

VarOrEnumPattern 的示例代码如下:

```
//Chapter9/bind_pattern/src/bind_pattern_demo.cj

from std import ast.*

main() {
    //定义包括绑定模式的 match 表达式
    var matchExpr = parseMatchExpr(
        quote(
            match (a) {
                case 0 | 10 | 20 | 30 | 40 | 50 => "D"
                case n => "You passed with a score of ${n}"
            }
        )
    )

    //输出表达式的所有分支
    for (matchCase in matchExpr.getMatchCases()) {
        //输出分支的所有模式
        for (pattern in matchCase.getPatterns()) {
            //是否是绑定模式
            if (pattern.isVarOrEnumPattern()) {
                //输出绑定模式绑定变量的名称
                println("Var Name:" + pattern.asVarOrEnumPattern().getIdentifier().value)
            }
        }
    }
}
```

编译后运行该示例,命令及输出如下:

```
cjc bind_pattern_demo.cj
main.exe
Var Name:n
```

4. 枚举模式

枚举模式对应的类型名称为 EnumPattern，包括两个常用的成员函数。

- public func getRef()：Expr

返回枚举模式的枚举类型。

- public func getPatterns()：Array<Pattern>

如果枚举模式本身也是绑定模式，则返回枚举模式包括的所有绑定模式。

这两个函数理解起来稍微有点难度，下面通过一个示例演示它们的用法：

```
//Chapter9/enum_pattern/src/enum_pattern_demo.cj

from std import ast.*

main() {
    //定义包括枚举模式的 match 表达式
    var matchExpr = parseMatchExpr(
        quote(
            match (Some(10)) {
                case Option<Int64>.Some(num) => "The number is ${num}."
                case Option<Int64>.None => "This is not a number!"
            }
        )
    )

    //输出表达式的所有分支
    for (matchCase in matchExpr.getMatchCases()) {
        //输出分支的所有模式
        for (pattern in matchCase.getPatterns()) {
            //是否是枚举模式
            if (pattern.isEnumPattern()) {
                let enmuPattern = pattern.asEnumPattern()

                //输出枚举类型
                println("Ref:" + enmuPattern.getRef().toTokens().toString())

                //如果枚举模式本身包括绑定模式
                for (pat in enmuPattern.getPatterns()) {
```

```
                    //输出每个绑定模式的信息
                    println("Pattern:" + pat.toTokens().toString())
                }
            }
        }
    }
}
```

编译后运行该示例，命令及输出如下：

```
cjc enum_pattern_demo.cj
main.exe
Ref:Option < Int64 > . Some
Pattern:num
Ref:Option < Int64 > . None
```

5. tuple 模式

tuple 模式是多个模式的组合，定义形式和 tuple 字面量类似，代码如下：

```
match (("小明", 5)) {
    case ("小王", grade) => "小王是 ${grade}年级的学生"
    case (name, grade) => "${name}是 ${grade}年级的学生"
}
```

在这个表达式中，两个分支都是 tuple 模式。tuple 模式对应的类型名称为 TuplePattern，包括一个常用的成员函数。

- public func getPatterns(): Array < Pattern >

返回 tuple 模式包含的所有子模式，以上面的代码为例，第 1 个分支包括两个子模式，分别是常量模式“小王”及 VarOrEnumPattern 类型的 grade；第 2 个分支的两个子模式都是 VarOrEnumPattern 类型，分别是 name 和 grade。

tuple 模式的成员函数的使用示例代码如下：

```
//Chapter9/tuple_pattern/src/tuple_pattern_demo.cj

from std import ast.*

main() {
    //定义包括 tuple 模式的 match 表达式
    var matchExpr = parseMatchExpr(
        quote(
```

```
            match (("小明", 5)) {
                case ("小王", grade) => "小王是${grade}年级的学生"
                case (name, grade) => "${name}是${grade}年级的学生"
            }
        )
    )

    //输出表达式的所有分支
    for (matchCase in matchExpr.getMatchCases()) {
        //输出分支的所有模式
        for (pattern in matchCase.getPatterns()) {
            //是否是 tuple 模式
            if (pattern.isTuplePattern()) {
                //遍历 tuple 模式包含的子模式
                for (pat in pattern.asTuplePattern().getPatterns()) {
                    //输出每个子模式的信息
                    println("Pattern:" + pat.toTokens().toString())
                }
            }
        }
    }
}
```

编译后运行该示例，命令及输出如下：

```
cjc tuple_pattern_demo.cj
main.exe
Pattern:小王
Pattern:grade
Pattern:name
Pattern:grade
```

6. 类型模式

类型模式用来判断匹配项是不是某种类型的子类型，一个典型的包括类型模式的表达式如下：

```
match (12.34) {
    case value: String => "String: ${value}"
    case value: Int64 => "Int64: ${value}"
    case value: ToString => "ToString: ${value}"
    case _: File => "File"
```

```
    case _ => ""
}
```

在这个示例中，前4个分支都是类型模式。类型模式对应的类型名称为TypePattern，包括两个常用的成员函数。

- public func getPattern(): Pattern

返回类型模式包含嵌套模式，嵌套模式一般是通配符模式或者绑定模式，在上述示例中前3个分支的嵌套模式都是绑定模式，第4个分支的嵌套模式是通配符模式。

- public func getType(): Type

返回类型模式对应的类型，在上述示例中前4个分支的类型分别是String、Int64、ToString和File类型。

类型模式的成员函数的使用示例如下：

```
//Chapter9/type_pattern/src/type_pattern_demo.cj

from std import ast.*

main() {
    //定义包括类型模式的match表达式
    var matchExpr = parseMatchExpr(
        quote(
            match (12.34) {
                case value: String => "String: ${value}"
                case value: Int64 => "Int64: ${value}"
                case value: ToString => "ToString: ${value}"
                case _: File => "File"
                case _ => ""
            }
        )
    )

    //输出表达式的所有分支
    for (matchCase in matchExpr.getMatchCases()) {
        //输出分支的所有模式
        for (pattern in matchCase.getPatterns()) {
            //判断是否是类型模式
            if (pattern.isTypePattern()) {
                //输出类型模式的变量绑定对象
                println("Pattern:" + pattern.asTypePattern().getPattern().toTokens().toString())

                //输出类型模式的类型
```

```
                println("Type:" + pattern.asTypePattern().getType().toTokens().toString())
            }
        }
    }
}
```

编译后运行该示例,命令及输出如下:

```
cjc type_pattern_demo.cj
main.exe
Pattern:value
Type:String
Pattern:value
Type:Int64
Pattern:value
Type:ToString
Pattern:_
Type:File
```

9.2.3 其他使用模式的场景

模式并不仅使用在 match 表达式中,在其他场景中也有广泛的应用,其中一个典型的应用场景是 for-in 表达式,示例代码如下:

```
for(i in 0..10 where i % 2 == 0){
    println(i)
}
```

在上述的示例代码中,变量 i 就属于变量模式,类型名称为 VarPattern,包括一个常用的成员函数。

- public func getVarDecl(): VarDecl

该函数会返回变量模式的变量声明,要注意,由于该变量声明调用了 getIdentifier()函数,所以可以返回变量标识,至于其他的信息,如变量类型、初始化表达式、修饰词等都没有包含在变量声明中,调用相应的函数也无法获取。

for-in 表达式的模式信息输出,示例代码如下:

```
//Chapter9/for_in/src/for_in_pattern_demo.cj

from std import ast.*
```

```
main() {
    //定义 for-in 表达式
    var forInExpr = parseForInExpr(
        quote(
            for(i in 0..10 where i % 2 == 0){
                println(i)
            }
        )
    )

    //判断是否是变量模式
    if (forInExpr.getPattern().isVarPattern()) {
        //获取变量模式的变量声明
        let varDecl = forInExpr.getPattern().asVarPattern().getVarDecl()

        //输出变量声明的名称
        println("Var Name:" + varDecl.getIdentifier().value)

        //输出变量声明的类型,变量模式中的变量声明不包含类型,这里实际上没有输出
        if (let Some(varType) = varDecl.getType()) {
            println("Var Type:" + varType.toTokens().toString())
        }
    }
}
```

编译后运行该示例,命令及输出如下:

```
cjc for_in_pattern_demo.cj
main.exe
Var Name:i
```

第 10 章

代码结构

10.1 代码文件节点

在前述章节中，以知识点的形式介绍了抽象语法树的部分内容，对其包含的主要对象有了初步的认识，但是，还没有建立起整个语法树的完整轮廓。这是因为，对于一份代码文件来讲，包含的不仅是表达式、类、函数等元素，还包含一些辅助信息，例如所属的包信息、导入的包信息等，有了这些元素，才能建立起一个相对完整的代码文件结构。下面是一个简化的典型源代码文件内容：

```
package demo.com

from std import random.*
from std import fs.*

public let display = "Hello cangjie!"
main() {
    println(display)
}
```

在该源代码文件里，最上面是 package 部分，随后是 import 部分，然后是变量 display，最后是 main 函数。在仓颉抽象语法树中，这样一个文件对象被称为文件节点，使用 FileNode 类型表示，包括以下成员函数。

- public func getPackage(): PackageSpec

返回文件节点的包节点，也就是源文件的 package 部分。

- public func getImports(): Array<ImportSpec>

返回文件节点的导入节点，也就是源文件的 import 部分，因为允许同时导入多个包，所以该函数会返回导入节点数组，并且每个 import 的导入声明为数组的一项。

- public func getDecls()：Array < Decl >

返回文件节点的声明部分，也就是源文件的“正文”部分，因为允许同时存在多个声明，所以该函数会返回声明数组，并且每个顶层的声明为数组的一项。

生成 FileNode 的函数为 parseFile，定义如下。

- public func parseFile(input：Tokens)：FileNode

该函数会根据给定的 Tokens 类型的参数 input 生成文件节点对象。

关于 parseFile 生成 FileNode，以及 FileNode 和包含的 PackageSpec、ImportSpec、Decl 之间的关系，如图 10-1 所示。

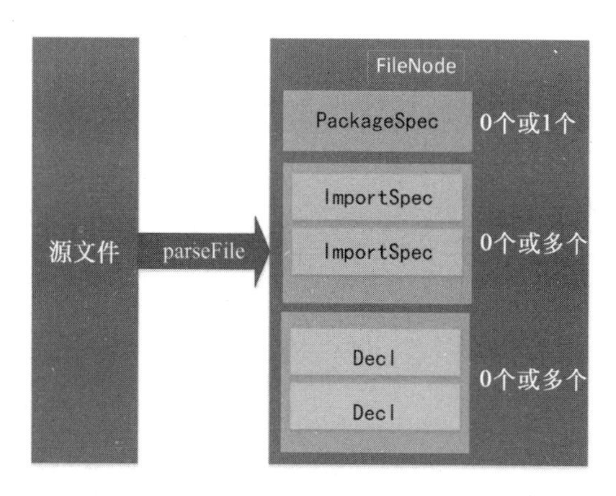

图 10-1 FileNode 关系

下面通过一个示例演示 parseFile 函数及 FileNode 常用成员函数的用法，代码如下：

```
//Chapter10/file_node/src/file_node.cj

from std import ast. *

main() {
    let fileTokens = quote(
    package demo.com

    from std import random. *
    from std import fs. *

    public let display = "Hello cangjie!"
    main() {
        println(display)
    })
```

```
    //生成文件节点
    let fileNode: FileNode = parseFile(fileTokens)

    //输出包部分
    let packSpec = fileNode.getPackage()
    println(packSpec.toTokens().toString())

    //输出导入包部分
    for (imp in fileNode.getImports()) {
        println(imp.toTokens().toString())
    }

    //输出声明部分
    for (decl in fileNode.getDecls()) {
        println(decl.toTokens().toString())
    }
}
```

编译后运行该示例，命令及输出如下：

```
cjc file_node.cj
main.exe
package demo . com
from std import random . *
from std import fs . *
public let display = hello cangjie!
main() {  println (display) NL}
```

关于本节出现的 PackageSpec 及 ImportSpec 对象，将在本章的 10.2 节和 10.3 节详细介绍。

10.2 PackageSpec

PackageSpec 表示源文件的包声明部分，包括以下成员函数。

- public func getPackageName(): Token

获取表示包名称的令牌。

- public func getPackagePos(): Position

获取包名称所在的位置信息。

• public func getPackageMacroPos()：Position

获取 macro 关键字的位置。在仓颉语言中，包的声明包括两种，一种是普通的包；另一种是宏定义所在的包，宏定义的包使用 macro 关键字，详细的用法将在第 11 章介绍。

• public func hasMacroPackage()：Bool

获取是否是宏定义的包。

下面通过一个示例演示 PackageSpec 成员函数的用法，包括普通包和宏定义包，代码如下：

```
//Chapter10/package_demo/src/pack_demo.cj

from std import ast.*

main() {
    var fileTokens = quote(
        package demo.com
    )

    //获取普通包
    var packSpec = parseFile(fileTokens).getPackage()

    //输出包信息
    showPackageInfo(packSpec)

    fileTokens = quote(
        macro package cradle
    )

    //获取宏定义包
    packSpec = parseFile(fileTokens).getPackage()

    //输出包信息
    showPackageInfo(packSpec)
}

func showPackageInfo(packInfo: PackageSpec) {
    //是否是宏定义包
    if (packInfo.hasMacroPackage()) {
        let pos: Position = packInfo.getPackageMacroPos()
        println(
            "This is a macro definition package,The position of macro keyword " +
```

```
            "is line ${pos.line} and column ${pos.column}."
        )
    }

    let packPos = packInfo.getPackagePos()
    println(
        "Package name is ${packInfo.getPackageName().value}, " +
            "location is line ${packPos.line} and column ${packPos.column}."
    )
}
```

编译后运行该示例,命令及输出如下：

```
cjc pack_demo.cj
main.exe
Package name is demo.com, location is line 5 and column 9.
This is a macro definition package,The position of macro keyword is line 15 and column 9.
Package name is cradle, location is line 15 and column 15.
```

10.3 ImportSpec

ImportSpec 表示源文件的包导入部分,因为包导入的情况比较复杂,除了可以导入单个声明或定义,也可以一次导入所有的顶级对象；为了避免名字空间的冲突,包导入支持重命名；对于复杂的项目,已导入的声明还可以重导出,所以,ImportSpec 包括的成员函数比较多,主要如下所示。

- public func getFromKeyword()：Token

获取 from 关键字的令牌。

- public func getFromPos()：Position

获取 from 关键字的位置信息。

- public func getImportKeyword()：Token

获取 Import 关键字的令牌。

- public func getImportPos()：Position

获取 Import 关键字的位置信息。

- public func getModuleName()：Token

获取模块名称的令牌。

- public func getModulePos()：Position

获取模块名称的位置信息。

- public func getPackageName()：Token

获取包名称的令牌。

- public func getPackageNamePos()：Position

获取包名称的位置信息。

- public func getImportedItemName ()：Token

获取导入项名称的令牌。

- public func getImportedItemNamePos()：Position

获取导入项名称的位置信息。

- public func getImportAll()：Bool

导入项是否使用了星号，例如 from module_name import package1. * 中的星号。

- public func getReExport()：Bool

是不是重导入。

- public func getIsImportMulti()：Bool

导入项是否使用了花括号，表示同时导入多个项目，例如 from module_name import package1.{foo, bar, fuzz}中的花括号。

- public func getLCurlPos()：Position

获取左花括号的位置信息。

- public func getRCurlPos()：Position

获取右花括号的位置信息。

- public func getAsPos()：Position

获取 as 关键字的位置信息。

- public func getAsIdentifier()：Token

获取 as 后标识符的令牌，例如 from module1 import p2. f3 as f 中的 f。

- public func getAsIdentifierPos()：Position

获取 as 后标识符的位置信息。

- public func getAliasDotPos()：Position

获取 as 关键字后的点符号位置信息，例如 from module1 import p1. * as A. * 中 A 后的点符号。

- public func getAliasMulPos()：Position

获取 as 关键字后的星号位置信息，例如 from module1 import p1. * as A. * 中 A 后的星号位置信息。

下面通过一个示例演示 ImportSpec 成员函数的用法，包括多种 import 的形式，代码如下：

```
//Chapter10/import_demo/src/import_demo.cj

from std import ast.*

main() {
    var fileTokens = quote(
        from module_name import package1.foo, package2.bar
        from module_name import package1.{foo, bar, fuzz}
        from module_name import package1.*
        from module1 import p1.* as A.*
        from module1 import p2.f3 as f
        public import pkg1.C1
    )

    //获取导入包列表
    var importList = parseFile(fileTokens).getImports()

    //输出导入包信息
    for (imp in importList) {
        showImportInfo(imp)
    }
}

//输出导入包信息
func showImportInfo(importInfo: ImportSpec) {
    //输出对应的 import 代码
    println(importInfo.toTokens().toString())

    //输出 from 关键字及其位置
    println(
        "The \"from\" Keyword is: ${importInfo.getFromKeyword().value} and " +
            " location is line ${importInfo.getFromPos().line} and column ${importInfo.
getFromPos().column}."
    )

    //输出模块名称及模块名称位置
    if (!importInfo.getModuleName().value.isEmpty()) {
        println(
```

```
            "The name of module is: ${importInfo.getModuleName().value} and " +
                "location is line ${importInfo.getModulePos().line} and column ${importInfo.
getModulePos().column}."
        )
    }

    //输出 import 关键字及其位置
    println(
        "The \"import\" Keyword is: ${importInfo.getImportKeyword().value} and " +
            "location is line ${importInfo.getImportPos().line} and column ${importInfo.
getImportPos().column}."
    )

    //输出包名称及包名称位置
    println(
        "The name of package is: ${importInfo.getPackageName().value} and " +
            "location is line ${importInfo.getPackageNamePos().line} and column ${importInfo.
getPackageNamePos().column}."
    )

    //输出导入项目名称及其位置
    println(
        "The name of imported item is: ${importInfo.getImportedItemName().value} and " +
            "location is line ${importInfo.getImportedItemNamePos().line} and column
${importInfo.getImportedItemNamePos().column}."
    )

    //输出导入是否包含星号
    println("ImportAll: ${importInfo.getImportAll()}")

    //输出是否是重导出
    println("ReExport: ${importInfo.getReExport()}")

    //输出是否在导入时使用了花括号,并输出左右括号位置
    if (importInfo.getIsImportMulti()) {
        println(
            "\"{}\" symbol is used, " +
                "\"{\" symbol position is line ${importInfo.getLCurlPos().line} and column
${importInfo.getLCurlPos().column}," +
                "\"}\" symbol position is line ${importInfo.getRCurlPos().line} and column
${importInfo.getRCurlPos().column}."
        )
    }
```

```
    if (importInfo.getAsPos().line != 0) {
        //输出 as 关键字位置和后面的标识符及其位置
        println("\"as\" location is line ${importInfo.getAsPos().line} and column ${importInfo.getAsPos().column}.")

        println(
            "The name of as identifier is: ${importInfo.getAsIdentifier().value} and " +
                " location is line ${importInfo.getAsIdentifierPos().line} and column ${importInfo.getAsIdentifierPos().column}."
        )

        //输出 as 关键字后面的点符号位置
        if (importInfo.getAliasDotPos().line != 0) {
            println(
                "Dot position after as is line ${importInfo.getAliasDotPos().line} and column ${importInfo.getAliasDotPos().column}."
            )
        }

        //输出 as 关键字后面的星号位置
        if (importInfo.getAliasMulPos().line != 0) {
            println(
                "Asterisk position after as is line
        ${importInfo.getAliasMulPos().line} and column ${importInfo.getAliasMulPos().column}."
            )
        }
    }

    println("----------------------------")
}
```

编译后运行该示例，命令及输出如下：

```
cjc import_demo.cj
main.exe
from module_name import package1 . foo
The "from" Keyword is:from and location is line 5 and column 9.
The name of module is:module_name and location is line 5 and column 14.
The "import" Keyword is:import and location is line 5 and column 26.
The name of package is:package1 and location is line 5 and column 33.
The name of imported item is:foo and location is line 5 and column 42.
ImportAll:false
ReExport:false
```

```
----------------------------
from module_name import package2 . bar
The "from" Keyword is:from and location is line 5 and column 9.
The name of module is:module_name and location is line 5 and column 14.
The "import" Keyword is:import and location is line 5 and column 26.
The name of package is:package2 and location is line 5 and column 47.
The name of imported item is:bar and location is line 5 and column 56.
ImportAll:false
ReExport:false
----------------------------
from module_name import package1 . foo
The "from" Keyword is:from and location is line 6 and column 9.
The name of module is:module_name and location is line 6 and column 14.
The "import" Keyword is:import and location is line 6 and column 26.
The name of package is:package1 and location is line 6 and column 33.
The name of imported item is:foo and location is line 6 and column 43.
ImportAll:false
ReExport:false
"{}" symbol is used, "{" symbol position is line 6 and column 42,"}" symbol position is line 0
and column 0.
----------------------------
from module_name import package1 . bar
The "from" Keyword is:from and location is line 6 and column 9.
The name of module is:module_name and location is line 6 and column 14.
The "import" Keyword is:import and location is line 6 and column 26.
The name of package is:package1 and location is line 6 and column 33.
The name of imported item is:bar and location is line 6 and column 48.
ImportAll:false
ReExport:false
"{}" symbol is used, "{" symbol position is line 0 and column 0,"}" symbol position is line 0 and
column 0.
----------------------------
from module_name import package1 . fuzz
The "from" Keyword is:from and location is line 6 and column 9.
The name of module is:module_name and location is line 6 and column 14.
The "import" Keyword is:import and location is line 6 and column 26.
The name of package is:package1 and location is line 6 and column 33.
The name of imported item is:fuzz and location is line 6 and column 53.
ImportAll:false
ReExport:false
"{}" symbol is used, "{" symbol position is line 0 and column 0,"}" symbol position is line 6 and
column 57.
----------------------------
from module_name import package1 . *
```

```
The "from" Keyword is:from and location is line 7 and column 9.
The name of module is:module_name and location is line 7 and column 14.
The "import" Keyword is:import and location is line 7 and column 26.
The name of package is:package1 and location is line 7 and column 33.
The name of imported item is: * and location is line 7 and column 42.
ImportAll:true
ReExport:false
----------------------------
from module1 import p1 . * as A
The "from" Keyword is:from and location is line 8 and column 9.
The name of module is:module1 and location is line 8 and column 14.
The "import" Keyword is:import and location is line 8 and column 22.
The name of package is:p1 and location is line 8 and column 29.
The name of imported item is: * and location is line 8 and column 32.
ImportAll:true
ReExport:false
"as" location is line 8 and column 34.
The name of as identifier is:A and location is line 8 and column 37.
Dot position after as is line 8 and column 38.
Asterisk position after as is line 8 and column 39.
----------------------------
from module1 import p2 . f3 as f
The "from" Keyword is:from and location is line 9 and column 9.
The name of module is:module1 and location is line 9 and column 14.
The "import" Keyword is:import and location is line 9 and column 22.
The name of package is:p2 and location is line 9 and column 29.
The name of imported item is:f3 and location is line 9 and column 32.
ImportAll:false
ReExport:false
"as" location is line 9 and column 35.
The name of as identifier is:f and location is line 9 and column 38.
----------------------------
public import pkg1 . C1
The "from" Keyword is:from and location is line 0 and column 0.
The "import" Keyword is:import and location is line 10 and column 16.
The name of package is:pkg1 and location is line 10 and column 23.
The name of imported item is:C1 and location is line 10 and column 28.
ImportAll:false
ReExport:true
----------------------------
```

上述示例的输出表明，对于一次导入的多个包，或者通过花括号导入一个包的多个声明，AST 在对代码进行解析时，会生成多个 ImportSpec 对象。例如，对于这行代码：

```
from module_name import package1.foo, package2.bar
```

会生成两个 ImportSpec 对象：

```
from module_name import package1 . foo
The "from" Keyword is:from and location is line 5 and column 9.
The name of module is:module_name and location is line 5 and column 14.
The "import" Keyword is:import and location is line 5 and column 26.
The name of package is:package1 and location is line 5 and column 33.
The name of imported item is:foo and location is line 5 and column 42.
ImportAll:false
ReExport:false
-----------------------------
from module_name import package2 . bar
The "from" Keyword is:from and location is line 5 and column 9.
The name of module is:module_name and location is line 5 and column 14.
The "import" Keyword is:import and location is line 5 and column 26.
The name of package is:package2 and location is line 5 and column 47.
The name of imported item is:bar and location is line 5 and column 56.
ImportAll:false
ReExport:false
-----------------------------
```

也就是相当于如下的代码：

```
from module_name import package1.foo
from module_name import package2.bar
```

类似地，下面这行代码会生成 3 个对象：

```
from module_name import package1.{foo, bar, fuzz}
```

输出如下：

```
from module_name import package1 . foo
The "from" Keyword is:from and location is line 6 and column 9.
The name of module is:module_name and location is line 6 and column 14.
The "import" Keyword is:import and location is line 6 and column 26.
The name of package is:package1 and location is line 6 and column 33.
The name of imported item is:foo and location is line 6 and column 43.
ImportAll:false
ReExport:false
"{}" symbol is used, "{" symbol position is line 6 and column 42,"}" symbol position is line 0
and column 0.
```

```
---------------------------
from module_name import package1 . bar
The "from" Keyword is:from and location is line 6 and column 9.
The name of module is:module_name and location is line 6 and column 14.
The "import" Keyword is:import and location is line 6 and column 26.
The name of package is:package1 and location is line 6 and column 33.
The name of imported item is:bar and location is line 6 and column 48.
ImportAll:false
ReExport:false
"{}" symbol is used, "{" symbol position is line 0 and column 0,"}" symbol position is line 0 and
column 0.
---------------------------
from module_name import package1 . fuzz
The "from" Keyword is:from and location is line 6 and column 9.
The name of module is:module_name and location is line 6 and column 14.
The "import" Keyword is:import and location is line 6 and column 26.
The name of package is:package1 and location is line 6 and column 33.
The name of imported item is:fuzz and location is line 6 and column 53.
ImportAll:false
ReExport:false
"{}" symbol is used, "{" symbol position is line 0 and column 0,"}" symbol position is line 6 and
column 57.
---------------------------
```

也就是相当于如下的代码：

```
from module_name import package1.foo
from module_name import package1.bar
from module_name import package1.fuzz
```

10.4 应用示例

通过前述章节的学习，结合本章介绍的 FileNode、PackageSpec 及 ImportSpec 对象，开发者基本上了解了 AST 中各个对象的初步用法，本节将通过一个示例演示如何从源代码文件开始，生成 AST 对象，然后对其分析、变换和应用。

本示例的具体应用场景是这样的，首先读取一个仓颉源文件，然后生成文件节点，接着遍历文件节点的所有声明，输出每个声明的接口形式，其实，就相当于一个极度简化的文档

API生成工具。鉴于篇幅关系及仓颉AST开放能力的实际情况，在生成声明接口时，有以下限制。

1. 只生成函数和类的接口

仓颉AST的声明类型(Decl)非常多，如果逐一生成，则无疑需要非常庞大的开发工作量，函数和类的声明比较具有典型性，其他类型的声明接口可以参考这两种声明。

2. 类型的字符串形式只生成基础数据类型和引用类型

仓颉的类型(Type)较多，具体可以参考第5章，这里只生成基础数据类型和引用类型的字符串形式，这两种类型比较具有代表性，也是其他类型的基础类型。

3. 不考虑类型推断的情况

仓颉可以不显式标识变量、属性等的数据类型，对于函数也可以不显式标识返回值类型，这些都可以通过类型推断来获得，但是，类型推断比较复杂，除了要考虑当前源文件的代码结构，还要考虑其依赖的其他源文件或者导入的包，目前仓颉AST尚未开放该功能，所以，本示例也假定所有类型都是显式标识的。

在考虑如上的前提条件下，示例代码如下：

```
//Chapter10/ast_demo/src/demo/ast_demo.cj

package demo

from std import ast.*
from std import io.*
from std import fs.*
from std import collection.*

main() {
    let codeFilePath: String = "./com/demo.cj"

    //获取文件节点
    let fileNode = getFileNode(codeFilePath)
    let decls = fileNode.getDecls()

    //遍历文件节点的每个声明,输出对应的接口
    for (decl in decls) {
        print(getDeclInterface(decl))
    }
```

```
}

//获取表示声明接口的字符串,这里只处理函数和类
func getDeclInterface(decl: Decl): String {
    if (decl.isFuncDecl()) {
        return getFuncDeclInterface(decl.asFuncDecl())
    } else if (decl.isClassDecl()) {
        return getClsDeclInterface(decl.asClassDecl())
    }
    return ""
}

//获取表示类接口的字符串
func getClsDeclInterface(clsDecl: ClassDecl): String {
    //如果不是由 public 修饰的,则直接返回
    if (!isPublic(clsDecl.getModifiers())) {
        return ""
    }

    let sb = StringBuilder("public class ")

    sb.append(clsDecl.getIdentifier().value)

    //获取所有的父类型
    let supList = clsDecl.getSuperTypes()
    if (supList.size != 0) {
        sb.append(" <: ")
        var firstSuper = true

        //输出每个父类型,多个父类型之间使用 & 符号连接
        for (superType in supList) {
            if (firstSuper) {
                firstSuper = false
            } else {
                sb.append(" & ")
            }
            sb.append(getTypeString(superType))
        }
    }

    sb.append("{ \r\n")

    for (decl in clsDecl.getBody()) {
        sb.append(getDeclInterface(decl))
```

```
    }

    sb.append("} \r\n")

    return sb.toString()
}

//获取表示函数接口的字符串
func getFuncDeclInterface(funcDecl: FuncDecl): String {
    //如果不是由 public 修饰的,则直接返回
    if (!isPublic(funcDecl.getModifiers())) {
        return ""
    }

    let sb = StringBuilder("public ")
    let funcName = funcDecl.getIdentifier().value

    //如果是构造函数,则不生成 func 关键字,否则就生成
    if (!funcName.equals("init")) {
        sb.append("func ")
    }
    sb.append(funcName)
    sb.append("(")
    let paramList = funcDecl.getParamList().getParams()
    var firstParam = true

    //遍历每个参数
    for (param in paramList) {
        if (firstParam) {
            firstParam = false
        } else {
            sb.append(",")
        }
        sb.append(param.getIdentifier().value)
        sb.append(": ")
        sb.append(getTypeString(param.getType()))
    }
    sb.append(")")

    //如果有返回值类型
    if (let Some(funcType) = funcDecl.getType()) {
        sb.append(": ")
        sb.append(getTypeString(funcType))
    }
```

```
    sb.append("\r\n")
    sb.toString()
}

//获取表示类型的字符串.这里只处理基本数据类型和引用类型
func getTypeString(objType: Type): String {
    if (objType.isPrimitiveType()) {
        objType.asPrimitiveType().getPrimitive().value
    } else if (objType.isRefType()) {
        var typeString = objType.asRefType().getIdentifier().value
        let args = objType.asRefType().getArgs()
        if (args.size != 0) {
            typeString = typeString + "<"
            var firstArg = true
            for (arg in objType.asRefType().getArgs()) {
                if (firstArg) {
                    firstArg = false
                } else {
                    typeString = typeString + ", "
                }
                typeString = typeString + getTypeString(arg)
            }
            typeString = typeString + ">"
        }
        return typeString
    } else {
        objType.toTokens().toString()
    }
}

//修饰词中是否包含 public
func isPublic(modifyList: Tokens) {
    for (modify in modifyList) {
        if (modify.value.equals("public")) {
            return true
        }
    }
    return false
}

//根据给定的源文件路径,获取该源文件代码表示的文件节点
func getFileNode(codeFilePath: String) {
    //文件对象
```

```
    let file: File = File(codeFilePath, OpenOption.Open(true, false))

    //按照字符串格式读取文件内容的对象
    let reader: StringReader = StringReader(file)

    //读取文件内容
    let srcCode = reader.readToEnd()

    //生成文件内容对应的 tokens
    let tokens: Tokens = cangjieLex(srcCode)

    //生成文件节点对象
    return parseFile(tokens)
}
```

要分析的源代码文件的内容如下：

```
//Chapter10/ast_demo/src/demo/com/demo.cj

package demo.com

from std import random.*
from std import collection.*

public let UpperInt: Int64 = 10000

public func demoDict(dict: HashMap<Int64, String>) {
    for (key in dict.keys()) {
        println("key: ${key} value: ${dict.get(key).getOrThrow()}")
    }
}

public func getRandomInt(upper: Int64): Int64 {
    let rand = Random()
    rand.nextInt64(upper)
}

public func getRandomInt(): Int64 {
    getRandomInt(UpperInt)
}

public class ClsAdd <: ToString & Hashable {
    public var x: Int64
```

```
    public var y: Int64

    public init(x: Int64, y: Int64) {
        this.x = x
        this.y = y
    }

    public func sum() {
        return x + y
    }

    public func toString() {
        return "x: ${x},y ${y}"
    }

    public func hashCode() {
        x.hashCode() + y.hashCode()
    }
}
```

编译后运行该示例,命令及输出如下:

```
cjc ast_demo.cj
main.exe
public func demoDict(dict: HashMap<Int64, String>)
public func getRandomInt(upper: Int64): Int64
public func getRandomInt(): Int64
public class ClsAdd <: ToString & Hashable{
public init(x: Int64,y: Int64)
public func sum()
public func toString()
public func hashCode()
}
```

第 11 章

宏

11.1 宏的定义

在仓颉语言中宏的功能类似于函数，用来对输入的代码序列进行处理，输出处理后的代码序列，这个从输入代码映射到输出代码的过程称为宏展开。

11.1.1 宏的定义示例

下面通过一个示例演示宏的定义和基本用法，示例中定义了一个叫作 LogFunc 的宏，假设该宏只用在函数上，宏展开后，会在被标记的函数的开始部分添加输出当前时间的代码。

示例包括两个代码文件，第 1 个是宏定义代码文件，名称为 macro_log_func.cj，存放在 src 目录下的 log 子目录下，代码如下：

```
//Chapter11/macro_test/src/log/macro_log_func.cj

macro package log

from std import ast.*

//宏定义，实现在函数的开始部分添加输出当前时间的代码
public macro LogFunc(input: Tokens): Tokens {
    //把入参转换为函数声明，这里假设该宏一定用在函数上
    let funcDecl = parseFuncDecl(input)

    //表示转换后的新函数 Tokens，这里先生成函数返回值类型前的部分
    var newFuncTokens = quote(
```

```
        $(funcDecl.getModifiers()) func $(funcDecl.getIdentifier())($(funcDecl.getParamList().getParams()))
    )

    //根据原函数是否定义了返回值类型确定是否在新函数中加上返回值类型
    if (let Some(retType) = funcDecl.getType()) {
        newFuncTokens = newFuncTokens + quote(
            : $retType
        )
    }

    //函数体部分,在原来的函数体前面加上了当前时间的输出代码
    newFuncTokens = newFuncTokens + quote(
        {
            println(Time.now())
            $(funcDecl.getBody())
        }
    )

    //返回经过宏处理后的 Tokens
    return newFuncTokens
}
```

第 2 个是调用宏的代码,名称为 macro_test.cj,存放在 src 目录下,代码如下:

```
//Chapter11/macro_test/src/macro_test.cj

import log.*
from std import time.*

main() {
    printHello()
    println(getContent("仓颉"))
}

//给函数 printHello 添加宏标记 LogFunc,该函数没有参数也没有明确定义返回值类型
@LogFunc(
func printHello() {
    println("Hello cangjie!")
})


//给函数 getContent 添加宏标记 LogFunc,该函数包括参数和返回值类型
```

```
@LogFunc
func getContent(name: String): String {
    "Hello ${name}!"
}
```

假如当前目录是 src 目录，宏文件的编译命令如下：

```
cjc log\macro_log_func.cj --output-type=dylib -o log.dll
```

该命令会在 src 目录下生成宏定义对应的动态链接库 log.dll，然后编译宏的调用文件 macro_test.cj，命令如下：

```
cjc --macro-lib=.\log.dll macro_test.cj
```

该命令会生成可执行文件 main.exe，执行该文件，命令及回显如下：

```
main.exe
2023-03-05T11:00:27Z
Hello cangjie!
2023-03-05T11:00:27Z
Hello 仓颉!
```

11.1.2　宏的定义解析

仓颉宏的定义规则如下。

1. 宏定义所在的 package 使用关键字 macro package 声明

这一点是和普通包声明最显著的区别，在上例中，宏定义所在的包被命名为 log，包声明的代码如下：

```
macro package log
```

在编译包含调用宏的文件时，因为需要预先编译好宏定义文件，所以宏定义和宏调用要在不同的 package 中，在上例中，宏调用所在的包是默认的，也就相当于如下的声明：

```
package default
```

在使用 macro package 声明的包中，只有宏定义可以使用 public 修饰，如果一个普通函数使用了 public 修饰，编译器则会提示错误信息：Declarations in 'macro package' cannot be accessed in other packages, except macro declarations。在宏调用的源代码文件里，如果

要使用宏定义，则可以使用 import 关键字导入宏定义，在上例中，导入宏定义的代码如下：

```
import log.*
```

2. 宏定义关键字是 macro，输入/输出类型是 Tokens，宏调用使用@关键字

在上例的 LogFunc 函数中，使用 macro 作为关键字，标识该函数是一个宏定义，因为宏定义是对仓颉代码的变换，所以宏定义的输入和输出类型都必须是 Tokens。在仓颉语言中，宏定义可以细分为两种类型，一种是非属性宏，另一种是属性宏。

1）非属性宏

非属性宏只有一个入参，定义格式如下：

```
public macro MacroName(inputTokens: Tokens): Tokens {
... //Macro body
}
```

在上例中，宏定义 LogFunc 就是一个非属性宏，它接收输入的 Tokens 参数，把它解析为函数声明，然后重新生成一个新函数，新函数加入了输出当前时间的功能，最后把新函数作为 Tokens 返回。

非属性宏的调用格式如下：

```
@MacroName(...)
```

在上例中，对第 1 个函数 printHello 的宏调用的代码如下：

```
@LogFunc(
func printHello() {
    println("Hello cangjie!")
})
```

也就是说，整个 printHello 函数都被当作了对宏 LogFunc 调用的输入。当然，这样写起来有点复杂，为了简化宏的调用，上面的代码可以省略掉括号：

```
@LogFunc
func printHello() {
    println("Hello cangjie!")
}
```

这种形式和使用括号的宏调用是等效的。可以省略掉括号的宏定义调用如下：

```
@MacroName func name() {}                       //在函数定义之前
@MacroName struct name {}                       //在结构体定义之前
@MacroName class name {}                        //在类定义之前
@MacroName var a = 1                            //在变量定义之前
@MacroName enum e {}                            //在枚举定义之前
@MacroName interface i {}                       //在接口定义之前
@MacroName extend e <: i {}                     //在扩展定义之前
@MacroName prop var i: Int64 {}                 //在属性定义之前
@MacroName @AnotherMacro(input)                 //在宏调用之前
```

2）属性宏

属性宏有两个输入参数，定义格式如下：

```
public macro MacroName (attrTokens: Tokens, inputTokens: Tokens) : Tokens {
... //Macro body
}
```

和非属性宏相比，属性宏多了一个表示属性的参数，也就是上面的 attrTokens，如果希望根据不同的条件控制不同的宏展开策略，则可以通过该参数实现。下面通过一个具体的示例演示属性宏的用法，在这个示例中，强化了 11.1.1 节示例的功能，可以在宏调用函数的开始添加日志输出，记录调用的时间、函数名称和所有的参数及参数值信息，并且可以根据宏的属性配置输出到控制台或者日志文件。本示例也包括两个文件，第 1 个是属性宏的定义文件，名称为 attr_macro_log_func.cj，在 src 目录下的 attr_log 子目录下，示例代码如下：

```
//Chapter11/attr_macro/src/attr_log/attr_macro_log_func.cj

macro package attr_log

from std import ast.*

//添加调用日志的属性宏
public macro LogFunc(attrs: Tokens, input: Tokens): Tokens {
    //把入参转换为函数声明，这里假设该宏一定用在函数上
    let funcDecl = parseFuncDecl(input)

    //表示转换后新函数的 Tokens，这里先生成函数返回值类型前的部分
    var newFuncTokens = quote(
        $(funcDecl.getModifiers()) func $(funcDecl.getIdentifier()) ($(funcDecl.
getParamList().getParams()))
    )
```

```
    //根据原函数是否定义了返回值类型确定是否在新函数中也加上返回值类型
    if (let Some(retType) = funcDecl.getType()) {
        newFuncTokens = newFuncTokens + quote(
            : $retType
        )
    }

    //根据属性判断输出类型
    let outputType = checkOutputType(attrs)

    //根据输出类型创建输出日志的 Tokens
    let outPutTokens = buildOutPutTokens(outputType, funcDecl.getIdentifier(), funcDecl.
getParamList().getParams())

    //函数体部分,在原来的函数体前面加上了输出日志的 Tokens
    newFuncTokens = newFuncTokens + quote(
        {
            $outPutTokens
            $(funcDecl.getBody())
        }
    )

    //返回经过宏处理后的 Tokens
    return newFuncTokens
}

//生成将日志输出到控制台的 tokens
func buildLog2ConsoleTokens(funcName: Token, funcParamList: Array<NodeFormat_FuncParam>):
Tokens {
    //表示日志输出的 tokens
    var logTokens = Tokens()

    //调用函数名称的日志模板
    let logFuncName = "Function:" + funcName.value

    //把函数名称和调用时间的日志加入 logTokens
    logTokens = logTokens + quote(
        println($logFuncName)
        println("Call Time:" + Time.now().toString())
    )

    //遍历函数参数,把参数输出的 token 添加到 logTokens 中
    for (funcParam in funcParamList) {
```

```
        //参数名称
        let paramName = funcParam.getIdentifier()

        //参数名称和对应的参数值输出模板
        let paramLog = paramName.value + ":\ ${(" + paramName.value + " as ToString).
getOrThrow()}"

        //构造该参数输出对应的 tokens
        let macroParam = quote(
            if ( $paramName is ToString) {
                println( $paramLog)
            }
        )
        logTokens = logTokens + macroParam
    }
    return logTokens
}

//生成将日志输出到文件的 tokens
func buildLog2FileTokens(funcName: Token, funcParamList: Array<NodeFormat_FuncParam>) {
    //表示日志输出的 tokens
    var logTokens = Tokens()

    //调用函数名称的日志模板,注意最后的回车换行,这里是两个反斜线
    let logFuncName = "Function:" + funcName.value + "\\r\\n"

    //把函数名称和时间的日志添加到 StringBuilder,然后加入 logTokens
    logTokens = logTokens + quote(
        let  sbLog = StringBuilder()
        sbLog.append( $logFuncName)
        sbLog.append("Call Time:" + Time.now().toString() + "\r\n")
    )

    //遍历函数参数,把参数输出的日志添加到 StringBuilder,然后加入 logTokens
    for (funcParam in funcParamList) {
        //参数名称
        let paramName = funcParam.getIdentifier()

        //参数名称和对应的参数值输出模板
        let paramLog = paramName.value + ":\ ${(" + paramName.value + " as ToString).
getOrThrow()}\\r\\n"

        //构造该参数输出对应的 tokens
        let macroParam = quote(
```

```
        if ( $paramName is ToString) {
            sbLog.append( $paramLog)
        }
    )
    logTokens = logTokens + macroParam
  }

  //把 StringBuilder 的内容输出到当前目录下的日志文件中,日志文件的名称为当前日期
  logTokens = logTokens + quote(
    let fileName = getcwd() + "/" + Time.now().toString("yyyyMMdd") + ".log"
    let sw = StringWriter(File(fileName,OpenOption.CreateOrAppend))
    sw.write(sbLog)
    sw.flush()
  )

  return logTokens
}

//根据输出类型配置创建输出 tokens
func buildOutPutTokens ( outPutType: OutPutType, funcName: Token, funcParamList: Array
<NodeFormat_FuncParam>): Tokens {
  match (outPutType) {
    case OutPutType.ALL =>
      //如果输出类型为 ALL,就同时输出到控制台和日志文件
        return buildLog2ConsoleTokens(funcName, funcParamList) + buildLog2FileTokens
(funcName, funcParamList)
    case OutPutType.LOGFILE => return buildLog2FileTokens(funcName, funcParamList)
    case _ => return buildLog2ConsoleTokens(funcName, funcParamList)
  }
}

//判断输出类型
func checkOutputType(attrs: Tokens): OutPutType {
  var isConsole = false
  var isLogFile = false

  for (item in attrs) {
    //如果包含字符串 CONSOLE 就将 isConsole 设置为 true
    if (item.value.toAsciiUpper().equals("CONSOLE")) {
      isConsole = true
    } else if (item.value.toAsciiUpper().equals("LOGFILE")) {
                                          //如果包含字符串 LOGFILE 就将 isLogFile 设置为 true
      isLogFile = true
    }
```

```
    }

    //同时输出到控制台和日志文件
    if (isConsole && isLogFile) {
        return OutPutType.ALL
    } else if (isConsole) {                                  //输出到控制台
        return OutPutType.CONSOLE
    } else {                                                 //输出到日志文件
        return OutPutType.LOGFILE
    }
}

//输出类型
enum OutPutType {
    CONSOLE | LOGFILE | ALL
}
```

第 2 个是属性宏的调用文件，名称为 attr_macro_test.cj，在 src 目录下，示例代码如下：

```
//Chapter11/attr_macro/src/attr_macro_test.cj

import attr_log.*
from std import time.*
from std import collection.*
from std import fs.*
from std import io.*
from std import os.posix.*

main() {
    printHello()
    add(1, 2)
    count("Hello cangjie!")
    return 0
}

//将日志输出到控制台
@LogFunc[CONSOLE]
func printHello() {
    println("Hello cangjie!")
}

//将日志输出到控制台和日志文件
```

```
@LogFunc[CONSOLE,LOGFILE]
func add(a: Int64, b: Int64) {
    a + b
}

//输出日志到日志文件
@LogFunc[LOGFILE]
func count(value: String) {
    value.size
}
```

假如当前目录是 src 目录，宏文件的编译命令如下：

```
cjc attr_log\attr_macro_log_func.cj --output-type=dylib -o attr_log.dll
```

该命令会在 src 目录下生成宏定义对应的动态链接库 attr_log.dll，然后编译宏的调用文件 attr_macro_test.cj，命令如下：

```
cjc --macro-lib=.\attr_log.dll attr_macro_test.cj
```

该命令会生成可执行文件 main.exe，执行该文件，命令及回显如下：

```
main.exe
Function:printHello
Call Time:2023-03-05T11:12:38Z
Hello cangjie!
Function:add
Call Time:2023-03-05T11:12:38Z
a:1
b:2
```

因为在宏调用文件里还配置了输出到日志文件，这里日志文件的名称为 20230305.log，该文件的内容如下：

```
Function:add
Call Time:2023-03-05T11:12:38Z
a:1
b:2
Function:count
Call Time:2023-03-05T11:12:38Z
value:Hello cangjie!
```

可以看到，无论是输出到控制台还是输出到日志文件都成功地执行了。

在本例的第2个文件里，演示了属性宏的调用方法，和非属性宏类似，区别就是需要传入新增的参数attrTokens，传入方式就是在调用时通过[]传入；本例的演示省略了括号，如果不省略，则最后一个函数的宏调用如下：

```
@LogFunc[LOGFILE](
func count(value:String) {
    value.size
})
```

属性宏和非属性宏能够修饰的抽象语法树对象是相同的，在属性宏调用时，使用中括号[]作为宏的属性接受方式，并且属性不能为空，属性中的字符如果包含“[”符号或“]”符号，则可以使用反斜线“\”转义，其他字符不能转义。

11.2　宏的导入

在11.1节的示例中，演示了宏调用的方法，因为宏定义和宏调用在不同的包中，所以在宏调用时需要导入宏定义所在的包，11.1.1节示例中的导入代码如下：

```
import attr_log.*
```

这样，就把attr_log包中的所有宏定义导入了，形式和普通的包导入是一致的。

但是，还要考虑到不同包中宏定义名称冲突的可能性，例如，在包p1和包p2中都定义了宏MacDemo。

第1个宏定义的代码如下：

```
macro package p1

from std import ast.*

public macro MacDemo(input: Tokens) {
    return input
}
```

第 2 个宏定义的代码如下：

```
macro package p2

from std import ast. *

public macro MacDemo(input: Tokens) {
    return input
}
```

这样，如果在同一个宏调用文件里同时使用这两个宏就会出现问题，解决方法就是使用别名或者使用包名+宏名的方式进行调用。当使用别名时，要把其中至少一个宏重命名为其他的名称，示例代码如下：

```
import p1.MacDemo as MacDemo1
import p2.MacDemo as MacDemo2

@MacDemo1
func useMacro1() {}

@MacDemo2
func useMacro2() {}
```

使用包名+宏名的示例代码如下：

```
import p1.MacDemo
import p2.MacDemo

@p1.MacDemo
func useMacro1() {}

@p2.MacDemo
func useMacro2() {}
```

在导入宏定义包时，也支持对包名使用别名，示例代码如下：

```
import p1. * as alias. *

@alias.MacDemo
func useMacro() {}
```

11.3 宏的嵌套

仓颉语言目前不支持宏定义的嵌套，在宏定义和宏调用中，有条件支持宏调用。

11.3.1 宏定义中的宏调用

在宏定义中进行宏调用，可以简化宏定义的编写，这里再看一下 11.1.1 节的示例，宏定义中生成新函数的函数头部的代码如下：

```
//表示转换后的新函数 Tokens,这里先生成函数返回值类型前的部分
var newFuncTokens = quote(
    $(funcDecl.getModifiers()) func $(funcDecl.getIdentifier())($(funcDecl.getParamList().
getParams()))
)

//根据原函数是否定义了返回值类型确定是否在新函数中加上返回值类型
if (let Some(retType) = funcDecl.getType()) {
    newFuncTokens = newFuncTokens + quote(
        : $retType
    )
}
```

这一部分代码虽然写起来有点烦琐，但是功能比较明确，可变的部分有两个，一个是表示转换后函数 Tokens 的 newFuncTokens，另一个就是函数声明 funcDecl，如果定义成一个宏，则可以复用这部分功能，并且简化新函数生成的代码。具体实现是这样的，把函数头生成功能定义成属性宏 CreateFuncHead，其中属性用来传递 newFuncTokens，宏输入参数用来传递 funcDecl，该宏所在的文件名称为 macro_func_head.cj，然后在文件 macro_log_func.cj 中再定义一个宏 LogFunc，该宏在生成新函数时调用 CreateFuncHead；最后是一个调用宏 LogFunc 的验证文件 macro_use.cj，这 3 个源文件的结构如下：

```
└── src
    ├── demo
    │   ├── first
    │   │   └── macro_func_head.cj
    │   └── second
    │       └── macro_log_func.cj
    └── macro_use.cj
```

代码文件 macro_func_head.cj 的内容如下：

```
//Chapter11/macro_use/src/demo/first/macro_func_head.cj

macro package demo.first

from std import ast.*

//生成函数头部分的宏
public macro CreateFuncHead(newTokens: Tokens, funcDecl: Tokens): Tokens {
    quote(
        $newTokens = quote(
            \$($funcDecl.getModifiers()) func \$($funcDecl.getIdentifier())(\$($funcDecl.
getParamList().getParams()))
        )

        if(let Some(retType) = $funcDecl.getType()){
            $newTokens = $newTokens + quote(
                :\$retType
            )
        }
    )
}
```

假如当前在 src 目录下，编译该宏文件的命令如下：

```
cjc demo\first\macro_func_head.cj --output-type=dylib -o head.dll
```

该命令成功执行后将生成库文件 head.dll。

代码文件 macro_log_func.cj 的内容如下：

```
//Chapter11/macro_use/src/demo/second/macro_log_func.cj

macro package demo.second

from std import ast.*
import demo.first.*

//宏定义，实现在函数的开始部分添加输出当前时间的代码
public macro LogFunc(input: Tokens): Tokens {
    //把入参转换为函数声明，这里假设该宏一定用在函数上
    let funcDecl = parseFuncDecl(input)
```

```
    var newFuncTokens = Tokens()

    //调用宏 CreateFuncHead 生成新函数头部分
    @CreateFuncHead[newFuncTokens](funcDecl)

    //函数体部分,在原来的函数体前面加上了当前时间的输出代码
    newFuncTokens = newFuncTokens + quote(
        {
            println(Time.now())
            $(funcDecl.getBody())
        }
    )

    //返回经过宏处理后的 Tokens
    return newFuncTokens
}
```

假如当前在 src 目录下,并且 macro_func_head.cj 已经编译成功,那么编译该宏文件的命令如下:

```
cjc demo\second\macro_log_func.cj --output-type=dylib -o log_func.dll --macro-lib=
.\head.dll
```

该命令成功执行后将生成库文件 log_func.dll。

代码文件 macro_use.cj 的内容如下:

```
//Chapter11/macro_use/src/macro_use.cj

import demo.second.*
from std import time.*

main() {
    println(add(10, 24))
}

@LogFunc
func add(a: Int64, b: Int64) {
    a + b
}
```

假如当前在 src 目录下,并且 macro_log_func.cj 已经编译成功,那么编译该文件的命令如下:

```
cjc macro_use.cj --macro-lib=.\log_func.dll
```

编译成功后，将生成可执行文件 main.exe，运行该应用的命令及回显如下：

```
main.exe
2023-03-05T11:36:20Z
34
```

可以看到调用函数 add 时成功地输出了当前时间的日志。

因为宏定义必须比宏调用先编译，所以上述 3 个文件的编译顺序必须是 macro_func_head.cj→macro_log_func.cj→macro_use.cj。

11.3.2 宏调用中的宏调用

因为宏调用可以作用在抽象语法树的各种对象上，例如对一个函数进行了宏调用，而这个函数包括变量，对这些变量也是可以进行宏调用的，这样就出现了在宏调用中进行宏调用的情况，下面通过一个示例演示这种用法。这个示例包括两个文件，第 1 个是宏定义文件，名称为 log.cj，位于 src 目录下的 in_call 目录内，定义了两个宏，一个是 Log2Console，用来生成将变量输出到控制台的代码，另一个是 LogFunc，在前面章节介绍过，是在函数的开始部分添加输出当前时间代码的宏，源文件的代码如下：

```
//Chapter11/macro_in/src/in_call/log.cj

macro package in_call

from std import ast.*

//把变量输出到控制台的宏
public macro Log2Console(input: Tokens): Tokens {
    quote(
        if ($input is ToString) {
            println(($input as ToString).getOrThrow())
        }
    )
}

//在函数的开始部分添加输出当前时间代码的宏
public macro LogFunc(input: Tokens): Tokens {
    //把入参转换为函数声明,这里假设该宏一定用在函数上
    let funcDecl = parseFuncDecl(input)
```

```
    //表示转换后的新函数 Tokens,这里先生成函数返回值类型前的部分
    var newFuncTokens = quote(
        $(funcDecl.getModifiers()) func $(funcDecl.getIdentifier())( $(funcDecl.getParamList().
getParams()))
    )

    //根据原函数是否定义了返回值类型确定是否在新函数中加上返回值类型
    if (let Some(retType) = funcDecl.getType()) {
        newFuncTokens = newFuncTokens + quote(
            : $retType
        )
    }

    //函数体部分,在原来的函数体前面加上了当前时间的输出代码
    newFuncTokens = newFuncTokens + quote(
        {
            println(Time.now())
            $(funcDecl.getBody())
        }
    )

    //返回经过宏处理后的 Tokens
    return newFuncTokens
}
```

第2个是源文件用来进行宏调用,名称为 macro_in_call.cj,位于 src 目录下,代码如下:

```
//Chapter11/macro_in/src/macro_in_call.cj

import in_call.*
from std import time.*

main() {
    println(add(10, 24))
}

@LogFunc
func add(a: Int64, b: Int64) {
    @Log2Console(a)
    @Log2Console(b)
    a + b
}
```

在 src 目录下,对宏定义文件进行编译的命令如下:

```
cjc in_call/log.cj --output-type=dylib -o log.dll
```

编译成功后将生成 log. dll 动态链接库，然后使用如下的命令编译 macro_in_call. cj：

```
cjc macro_in_call.cj --macro-lib=.\log.dll
```

编译成功后，将生成可执行文件 main. exe，运行该应用的命令及回显如下：

```
main.exe
2023-03-05T11:45:55Z
10
24
34
```

控制台输出了 4 行信息，第 1 行为宏 LogFunc 生成的当前时间，第 2 行和第 3 行都是 Log2Console 宏生成的变量输出值，第 4 行才是 main 函数的正常输出。通过查看宏展开后的代码，可以更清晰地理解为什么是这样的输出，展开后的代码如下（11.4 节介绍如何生成展开后的代码）：

```
import in_call.*
from std import time.*

main() {
    println(add(10, 24))
}

//===== Emitted by MacroCall @LogFunc in macro_in_call.cj:8:1 =====

func add(a: Int64, b: Int64)

{
    println(Time.now())
    if(a is ToString) {
        println((a as ToString).getOrThrow())
    }
    if(b is ToString) {
        println((b as ToString).getOrThrow())
    }
    a + b

}

//===== End of the Emit =====
```

11.4 宏的编译和调试

宏定义和宏调用在不同的包中，编译时要分别编译，先编译宏定义，再编译宏调用，在前述章节已多次演示了宏编译的方法，这里就不再赘述了，需要注意的一点是，在编译宏调用文件时，要使用--macro-lib 选项指定宏展开所需的宏定义包所在的动态链接库。

仓颉编译器在编译包含宏调用源码文件时，会先进行宏展开，最终编译的是宏展开后的源码，如果出现编译错误，则给出的错误提示信息也是针对宏展开后的源码，对于开发者来讲，这些错误信息在原始的代码中很可能不存在，这样就会带来极大的调试难度。

为了解决这个问题，仓颉编译器提供了 Debug 模式，在这种模式下，编译器会生成后缀为.macrocall 的临时文件，该临时文件包含完整的宏展开后的代码，方便开发者查看，如果原文件为 a.cj，则生成的 Debug 临时文件为 a.cj.macrocall。Debug 模式使用选项--Debug-macro 开启，以 11.3.2 节为例，Debug 模式下的编译命令如下：

```
cjc macro_in_call.cj --macro-lib=.\log.dll --Debug-macro
```

该命令会在当前目录下生成 macro_in_call.cj.macrocall 临时文件，通过该文件就能看到宏展开后的所有代码，详细的代码已经在 11.3.2 节最后部分展示了。

第 12 章

宏示例实战解析

12.1 运行日志宏解析

在第 2 章中，演示了自动记录运行日志的宏 Cradle，本节将对该宏的定义和使用进行详细解析。

12.1.1 宏的功能设计

在设计宏 Cradle 时，主要考虑实现如下两个功能：

(1) 实现对函数的日志记录，记录调用开始时间、结束时间、调用传递的参数和返回值。

(2) 记录的日志可以输出到控制台或者日志文件，也可以同时输出到这两者。

要实现这些功能，设计思路如下：

(1) 通过属性宏的属性传递日志输出对象，也就是指定输出到控制台还是日志文件，同时支持非属性宏，此时默认输出到日志文件。

(2) 为了简化输出类型的判断，通过枚举表示输出对象。

(3) 为了简化宏的设计，只支持不包括泛型的构造函数和普通函数，暂不考虑主构造函数。

(4) 对于构造函数，只记录调用的时间和参数，通过插入日志代码实现该功能。

(5) 对于普通函数，使用全新的函数代替原先的函数，把原函数作为新函数的内部函数，新函数的外观和原函数保持完全一致；在新函数里依次完成入参的日志记录，原函数的调用，原函数调用结果的记录，最后返回原函数的返回值。

12.1.2　宏的代码解析

1. 输出类型枚举

在输出类型的设计上，定义了一个名称为 OutPutType 的枚举，代码如下：

```
//输出类型
enum OutPutType {
    CONSOLE | LOGFILE | ALL
}
```

其中，CONSOLE 表示输出到控制台，LOGFILE 表示输出到日志文件，ALL 表示同时输出到这两者。在实际应用中，通过函数 checkOutputType 判断宏的属性指定的输出类型，该函数的代码如下：

```
//判断输出类型
func checkOutputType(attrs: Tokens): OutPutType {
    var isConsole = false
    var isLogFile = false

    for (item in attrs) {
        if (item.value.toAsciiUpper().equals(OUT_PUT_CONSOLE)) {
            isConsole = true
        } else if (item.value.toAsciiUpper().equals(OUT_PUT_LOGFILE)) {
            isLogFile = true
        }
    }

    if (isConsole && isLogFile) {
        return OutPutType.ALL
    } else if (isConsole) {
        return OutPutType.CONSOLE
    } else {
        return OutPutType.LOGFILE
    }
}
```

在上述代码中，通过遍历参数 attrs 是否包含指定的字符串来判定是否支持某种输出，这就要求在宏调用时，务必保证拼写正确。

2. 宏定义

在宏定义的代码中，同时定义了属性宏和非属性宏，代码如下：

```
//非属性宏
public macro Cradle(oriTokens: Tokens): Tokens {
    replaceOriTokens(OutPutType.LOGFILE, oriTokens)
}

//属性宏
public macro Cradle(attrs: Tokens, oriTokens: Tokens): Tokens {
    let outPutType = checkOutputType(attrs)
    replaceOriTokens(outPutType, oriTokens)
}
```

这两种宏在实现具体的功能时都会调用 replaceOriTokens 函数，区别是属性宏将根据输入的属性判断日志输出类型，而非属性宏直接将输出类型指定为日志文件。

3. 函数转换

根据功能设计，要把原函数转换为支持日志输出的新函数，实现这一功能的代码如下：

```
//替换原始类型的代码
func replaceOriTokens(outPutType: OutPutType, oriTokens: Tokens): Tokens {
    let decl = parseDecl(oriTokens)
    if (decl.isFuncDecl() && !decl.isPrimaryCtorDecl()) {
        replaceOriFunction(outPutType, oriTokens)
    } else {
        return oriTokens
    }
}

//替换原始函数
func replaceOriFunction(outPutType: OutPutType, oriFunc: Tokens): Tokens {
    let funcDel = parseFuncDecl(oriFunc)
    let funcName = funcDel.getIdentifier()

    if (funcName.value.equals(INIT_FUNC_NAME)) {
        replaceInitFunc(outPutType, funcDel, funcName)
    } else {
        replaceCommonFunc(outPutType, oriFunc, funcDel, funcName)
    }
}
```

在上述代码中，函数 replaceOriTokens 用于解析输入的 Tokens，如果是函数声明且不是主构造函数，就调用函数 replaceOriFunction 进行转换，否则原样返回。函数 replaceOriFunction 会判断函数的名称，区分构造函数和普通函数，分别调用不同的函数实现代码转换。

4. 调用原函数前的日志记录

对于普通函数和构造函数都需要记录函数执行的时间及传递过来的参数值，这个功能通过函数 buildPreExecOriFuncLogTokens 实现，代码如下：

```
//创建调用原函数前的日志记录 tokens
func buildPreExecOriFuncLogTokens (funcName: Token, funcParamList: Array < NodeFormat _
FuncParam >) {
   let funcLog = "---------------- Function Name : " + funcName.value + " ---------
------ \\r\\n"
   let callLog = "Call time :\ ${Time.now()} \\r\\n"
   var macroPreLog = quote(
      let macro_log_item_list = StringBuilder()
      macro_log_item_list.append( $funcLog)
      macro_log_item_list.append( $callLog)
   )

   if (funcParamList.size > 0) {
      let paramListLog = "Parameter list: \\r\\n"
      macroPreLog = macroPreLog + quote(
         macro_log_item_list.append( $paramListLog)
      )
   }

   for (funcParam in funcParamList) {
      let paramName = funcParam.getIdentifier()
       let paramLog = paramName.value + ":\ ${(" + paramName.value + " as ToString)
.getOrThrow()}\\r\\n"
      let macroParam = quote(
         if ( $paramName is ToString) {
           macro_log_item_list.append( $paramLog)
         }
      )
      macroPreLog = macroPreLog + macroParam
   }

   return macroPreLog
}
```

在这段代码中，日志信息都存储在 StringBuilder 类型的 macro_log_item_list 对象里，首先加入函数名称和调用时间，然后加入参数部分，通过遍历的方式，把每个参数的名称和对应的实参值都加入 macro_log_item_list 对象。这里有一点需要注意，也就是在把参数值添加到

macro_log_item_list 对象时，把对应的参数值通过 as 关键字转换为 Option< ToString >类型，然后调用它的 getOrThrow 函数得到字符串。既然在前面通过代码 $paramName is ToString 判断了参数是 ToString 子类型时才添加到 macro_log_item_list 对象，为什么就不直接使用参数值呢？这是因为如果参数不是 ToString 子类型，则编译器在编译时会针对 StringBuilder 的 append 函数报编译错误。

5. 原函数的调用

在普通函数的新函数里需要调用原来的函数，下面的函数 buildCallOriFuncTokens 就实现了该功能，代码如下：

```
//创建调用原函数的 tokens
func buildCallOriFuncTokens(funcName: Token, funcParamList: Array<NodeFormat_FuncParam>) {
    var callOriFunc = quote( let result = $funcName\()

    var firstParam = true
    for (funcParam in funcParamList) {
        let paramName = funcParam.getIdentifier()
        if (firstParam) {
            callOriFunc = callOriFunc + quote( $paramName)
            firstParam = false
        } else {
            callOriFunc = callOriFunc + quote(, $paramName)
        }
    }
    callOriFunc = callOriFunc + quote(\))

    return callOriFunc
}
```

这里把原函数的返回值固定赋值给变量 result，然后遍历参数生成原函数的调用代码，在对原函数传递参数时，通过 firstParam 记录是不是第 1 个参数，如果是第 1 个参数就直接添加到 callOriFunc 中，否则就把参数分隔符（逗号）和参数一起加入。

6. 调用原函数后的日志记录

调用完原函数后，还需要记录调用结束的时间并把返回值写入日志，完成这个功能的函数为 buildAfterExecOriFuncLogTokens，代码如下：

```
//创建调用原函数后的日志记录 tokens
func buildAfterExecOriFuncLogTokens() {
    let endCallLog = "End Call time :\ ${Time.now()} \\r\\n"
    let returnLog = "result:\ ${(result as ToString).getOrThrow()} \\r\\n"
    let endLine = "-------------------------------------------- \\r\\n"
    return quote(
        if (result is ToString) {
            macro_log_item_list.append( $returnLog)
        }
        macro_log_item_list.append( $endCallLog)
        macro_log_item_list.append( $endLine)
    )
}
```

这段代码功能简单明了，就不详细解释了。

7. 创建输出 Tokens

因为支持将日志输出到控制台或者(和)日志文件，所以需要根据输出配置创建输出的 Tokens，该函数为 buildOutPutTokens，代码如下：

```
//根据输出类型配置创建输出 tokens
func buildOutPutTokens(outPutType: OutPutType): Tokens {
    match (outPutType) {
        case OutPutType.ALL =>
            return buildOutPutFileTokens() + quote(
                println(macro_log_item_list)
            )

        case OutPutType.LOGFILE => return buildOutPutFileTokens()

        case _ =>
            return quote(
                println(macro_log_item_list)
            )
    }
}
```

在这段代码中，变量 macro_log_item_list 存储了所有要输出的日志信息，根据参数 outPutType 的枚举值，分别对应同时输出到日志文件和控制台、输出到日志文件、输出到控制台这 3 种情况。

8. 新函数的组装

日志宏的最终目的是返回一个表示新函数的 Tokens，根据函数类型的不同分为构造函数和普通函数，新构造函数的组装比较简单，就不解释了，主要看一下普通函数的组装过程，该功能的实现函数为 replaceCommonFunc，代码如下：

```
//替换普通函数
func replaceCommonFunc ( outPutType: OutPutType, oriFunc: Tokens, funcDel: NodeFormat _
FuncDecl, funcName: Token): Tokens {
    let funcParamList = funcDel.getParamList().getParams()

    var macroPreLog = buildPreExecOriFuncLogTokens(funcName, funcParamList)

    var callOriFunc = buildCallOriFuncTokens(funcName, funcParamList)

    var macroAfterLog = buildAfterExecOriFuncLogTokens()

    let outPutToken = buildOutPutTokens(outPutType)

    let funcModify = funcDel.getModifiers()
    let funcReturn = funcDel.getType()

    let newFuncDef = buildNewFuncDefine(funcModify, funcName, funcParamList, funcReturn)
    return quote(
        $newFuncDef
        {
            func $funcName( $funcParamList)
            {
                $(funcDel.getBody())
            }

            $macroPreLog
            $callOriFunc
            $macroAfterLog
            $outPutToken
            return result
        }
    )
}
```

在这段代码中，先把函数的各个组成部分的 Tokens 创建好并存储在各个变量中，最后通过变量 newFuncDef 来组装新的函数，新函数的 Tokens 是通过函数 quote 来生成的，函数的各部分以函数原始定义的格式呈现出来，易于理解和组装。

12.2　增强的宏示例

在 12.1 节对运行日志宏进行了解析，了解了宏在软件开发中的实际应用，本节将增强运行日志宏的功能，使其适用范围更广，要增强的功能主要包括以下 3 个方面：

（1）支持 main 函数的宏标记。

（2）支持 class 的宏标记。

（3）支持 struct 的宏标记。

下面将分别讲解如何实现这些增强功能（为了简单起见，示例不支持泛型）。

1. 支持 main 函数替换

和普通函数相比，main 函数有自己的特点，首先，它的关键字是自己的函数名称，其次，它不需要访问性修饰词；最后，一个应用最多只能有一个 main 函数。有了这些限制，在生成新的 main 函数时，就要注意遵守这些规则，函数替换的代码如下：

```
//替换 main 函数
func replaceOriMainFunction(outPutType: OutPutType, oriFunc: Tokens):
Tokens {
    let funcMainDel = parseMainDecl(oriFunc)
    let innerFuncName = Token(TokenKind.IDENTIFIER, "innerMain")

    let funcParamList = funcMainDel.getParamList().getParams()

    var macroPreLog = buildPreExecOriFuncLogTokens(Token(TokenKind.IDENTIFIER, "main"),
funcParamList)

    var callOriFunc = buildCallOriFuncTokens(innerFuncName, funcParamList)

    var macroAfterLog = buildAfterExecOriFuncLogTokens()

    let outPutToken = buildOutPutTokens(outPutType)

    return quote(
        main( $funcParamList)
        {
```

```
            func $innerFuncName( $funcParamList)
            {
                $(funcMainDel.getBody())
            }

            $macroPreLog
            $callOriFunc
            $macroAfterLog
            $outPutToken
            return result
        }
    )
}
```

和普通函数的替换函数相比，主要不同点是对原函数的调用上，这里原函数被重命名为innerMain，在调用时也使用这个名字，这样就规避了main函数唯一性的问题。

2. 支持class替换

支持class的运行日志记录，本质上就是让class的成员函数支持运行日志记录，其设计思想就是遍历class定义体的所有节点(Node)，判断每个节点的类型，如果是函数类型，就进行相应的替换处理，否则直接返回原来的Tokens，最后，在保持外观一致的前提下组装一个新的class，代码如下：

```
//替换原始class
func replaceClass(outPutType: OutPutType, oriTokens: Tokens): Tokens {
    let clsDel =   parseClassDecl(oriTokens)

    var newBody = Tokens()

    for(nodeDec in clsDel.getBody()) {
        if( nodeDec.isFuncDecl()){
            newBody = newBody + replaceOriFunction(outPutType,nodeDec.toTokens())
        }
        else {
            newBody = newBody + nodeDec.toTokens()
        }
    }

    let newClass = quote(
        $(clsDel.getModifiers()) class $(clsDel.getIdentifier()) {
            $newBody
```

```
        }
    )

    return newClass
}
```

3. 支持 struct 替换

支持 struct 的替换与支持 class 的替换基本一致，两者的代码也非常类似，此处就不详细解释了，理解了 class 替换的代码也就理解了 struct 替换的代码：

```
//替换原始 struct
func replaceStruct(outPutType: OutPutType, oriTokens: Tokens): Tokens {
    let structDel =   parseStructDecl(oriTokens)

    var newBody = Tokens()

    for(nodeDec in structDel.getBody()) {
        if( nodeDec.isFuncDecl()){
            newBody= newBody + replaceOriFunction(outPutType,nodeDec.toTokens())
        }
        else {
            newBody= newBody +nodeDec.toTokens()
        }
    }

    let newStruct = quote(
        $(structDel.getModifiers()) struct $(structDel.getIdentifier()) {
            $newBody
        }
    )

    return newStruct
}
```

4. 替换原始代码的函数

在上述替换内容里，讲解的是如何进行实际的代码替换，本节讲解如何调用上述替换函数。根据 12.1 节里的 Cradle 宏定义代码可知，在宏定义函数得到输出类型和输入的 Tokens 后，就会调用 replaceOriTokens 函数，在该函数里，可以根据输入的 Tokens 类型指定调用的替换函数，代码如下：

```
//替换原始代码的函数
func replaceOriTokens(outPutType: OutPutType, oriTokens: Tokens): Tokens {
    let decl = parseDecl(oriTokens)
    if (decl.isFuncDecl() && !decl.isPrimaryCtorDecl()) {
        replaceOriFunction(outPutType, oriTokens)
    }
    else if(decl.isMainDecl()){
        replaceOriMainFunction(outPutType, oriTokens)
    }
    else if(decl.isClassDecl()){
        replaceClass(outPutType, oriTokens)
    }
    else if(decl.isStructDecl()){
        replaceStruct(outPutType, oriTokens)
    }
    else {
        return oriTokens
    }
}
```

对于目前不支持的类型，直接返回原始的 Tokens。

5. 完整的宏定义代码

宏定义代码文件位于 src 目录下的 cradle 子目录内，名称为 macro_cradle_extra.cj，代码如下：

```
//Chapter12/biz_demo/src/cradle/macro_cradle_extra.cj

macro package cradle

from std import collection.*
from std import ast.*

//输出到控制台标志
let OUT_PUT_CONSOLE = "CONSOLE"

//输出到日志文件标志
let OUT_PUT_LOGFILE = "LOGFILE"

//日志文件名称格式
let LOGFILE_NAME_FORMAT = "yyyyMMdd"
```

```
//构造函数名称
let INIT_FUNC_NAME = "init"

//创建调用原函数前的日志记录 tokens
func buildPreExecOriFuncLogTokens (funcName: Token, funcParamList: Array < NodeFormat _
FuncParam >) {
    let funcLog = "---------------- Function Name : " + funcName.value + " ---------
-----\\r\\n"
    let callLog = "Call time :\ ${Time.now()} \\r\\n"
    var macroPreLog = quote(
        let macro_log_item_list = StringBuilder()
        macro_log_item_list.append($funcLog)
        macro_log_item_list.append($callLog)
    )

    if (funcParamList.size > 0) {
        let paramListLog = "Parameter list: \\r\\n"
        macroPreLog = macroPreLog + quote(
            macro_log_item_list.append($paramListLog)
        )
    }

    for (funcParam in funcParamList) {
        let paramName = funcParam.getIdentifier()
        let paramLog = paramName.value + ":\ ${(" + paramName.value + " as ToString).
getOrThrow()}\\r\\n"
        let macroParam = quote(
            if ( $paramName is ToString) {
              macro_log_item_list.append($paramLog)
            }
        )
        macroPreLog = macroPreLog + macroParam
    }

    return macroPreLog
}

//创建调用原函数的 tokens
func buildCallOriFuncTokens(funcName: Token, funcParamList: Array<NodeFormat_FuncParam>) {
    var callOriFunc = quote( let result = $funcName\()

    var firstParam = true
    for (funcParam in funcParamList) {
        let paramName = funcParam.getIdentifier()
```

```
        if (firstParam) {
            callOriFunc = callOriFunc + quote($paramName)
            firstParam = false
        } else {
            callOriFunc = callOriFunc + quote(, $paramName)
        }
    }
    callOriFunc = callOriFunc + quote(\))

    return callOriFunc
}

//创建调用原函数后的日志记录 tokens
func buildAfterExecOriFuncLogTokens() {
    let endCallLog = "End Call time :\ ${Time.now()} \\r\\n"
    let returnLog = "result:\ ${(result as ToString).getOrThrow()} \\r\\n"
    let endLine = " -------------------------------------------------- \\r\\n"
    return quote(
        if (result is ToString) {
            macro_log_item_list.append( $returnLog)
        }
        macro_log_item_list.append( $endCallLog)
        macro_log_item_list.append( $endLine)
    )
}

//创建新函数的定义部分
func buildNewFuncDefine(
    funcModify: Tokens,
    funcName: Token,
    funcParamList: Array<NodeFormat_FuncParam>,
    funcReturn: Option<NodeFormat_Type>
) {
    if (let Some(value) = funcReturn) {
        quote(
         $funcModify func $funcName ( $funcParamList): $value)
    } else {
        quote(
         $funcModify func $funcName ( $funcParamList))
    }
}

//判断输出类型
func checkOutputType(attrs: Tokens): OutPutType {
```

```
    var isConsole = false
    var isLogFile = false

    for (item in attrs) {
        if (item.value.toAsciiUpper().equals(OUT_PUT_CONSOLE)) {
            isConsole = true
        } else if (item.value.toAsciiUpper().equals(OUT_PUT_LOGFILE)) {
            isLogFile = true
        }
    }

    if (isConsole && isLogFile) {
        return OutPutType.ALL
    } else if (isConsole) {
        return OutPutType.CONSOLE
    } else {
        return OutPutType.LOGFILE
    }
}

//创建输出到文件的 tokens
func buildOutPutFileTokens(): Tokens {
    return quote(
            let fileName = getcwd() + "/" + Time.now().toString( $(LOGFILE_NAME_FORMAT)) +
".log"
            let sw = StringWriter(File(fileName,OpenOption.CreateOrAppend))
            sw.write(macro_log_item_list)
            sw.flush()
        )
}

//根据输出类型配置创建输出 tokens
func buildOutPutTokens(outPutType: OutPutType): Tokens {
    match (outPutType) {
        case OutPutType.ALL =>
            return buildOutPutFileTokens() + quote(
                println(macro_log_item_list)
            )

        case OutPutType.LOGFILE => return buildOutPutFileTokens()

        case _ =>
            return quote(
                println(macro_log_item_list)
```

```
            )
        }
    }

    //非属性宏
    public macro Cradle(oriTokens: Tokens): Tokens {
        replaceOriTokens(OutPutType.LOGFILE, oriTokens)
    }

    //属性宏
    public macro Cradle(attrs: Tokens, oriTokens: Tokens): Tokens {
        let outPutType = checkOutputType(attrs)
        replaceOriTokens(outPutType, oriTokens)
    }

    //替换原始代码的函数
    func replaceOriTokens(outPutType: OutPutType, oriTokens: Tokens): Tokens {
        let decl = parseDecl(oriTokens)
        if (decl.isFuncDecl() && !decl.isPrimaryCtorDecl()) {
            replaceOriFunction(outPutType, oriTokens)
        } else if (decl.isMainDecl()) {
            replaceOriMainFunction(outPutType, oriTokens)
        } else if (decl.isClassDecl()) {
            replaceClass(outPutType, oriTokens)
        } else if (decl.isStructDecl()) {
            replaceStruct(outPutType, oriTokens)
        } else {
            return oriTokens
        }
    }

    //替换原始 class
    func replaceClass(outPutType: OutPutType, oriTokens: Tokens): Tokens {
        let clsDel = parseClassDecl(oriTokens)

        var newBody = Tokens()

        for (nodeDec in clsDel.getBody()) {
            if (nodeDec.isFuncDecl()) {
                newBody = newBody + replaceOriFunction(outPutType, nodeDec.toTokens())
            } else {
                newBody = newBody + nodeDec.toTokens()
            }
        }
```

```
    let newClass = quote(
        $(clsDel.getModifiers()) class $(clsDel.getIdentifier()) {
            $newBody
        }
    )

    return newClass
}

//替换原始 struct
func replaceStruct(outPutType: OutPutType, oriTokens: Tokens): Tokens {
    let structDel = parseStructDecl(oriTokens)

    var newBody = Tokens()

    for (nodeDec in structDel.getBody()) {
        if (nodeDec.isFuncDecl()) {
            newBody = newBody + replaceOriFunction(outPutType, nodeDec.toTokens())
        } else {
            newBody = newBody + nodeDec.toTokens()
        }
    }

    let newStruct = quote(
        $(structDel.getModifiers()) struct $(structDel.getIdentifier()) {
            $newBody
        }
    )

    return newStruct
}

//替换 main 函数
func replaceOriMainFunction(outPutType: OutPutType, oriFunc: Tokens): Tokens {
    let funcMainDel = parseMainDecl(oriFunc)
    let innerFuncName = Token(TokenKind.IDENTIFIER, "innerMain")

    let funcParamList = funcMainDel.getParamList().getParams()

    var macroPreLog = buildPreExecOriFuncLogTokens(Token(TokenKind.IDENTIFIER, "main"),
funcParamList)

    var callOriFunc = buildCallOriFuncTokens(innerFuncName, funcParamList)
```

```
    var macroAfterLog = buildAfterExecOriFuncLogTokens()

    let outPutToken = buildOutPutTokens(outPutType)

    return quote(
        main( $funcParamList)
        {
            func $innerFuncName( $funcParamList)
            {
                $(funcMainDel.getBody())
            }

            $macroPreLog
            $callOriFunc
            $macroAfterLog
            $outPutToken
            return result
        }
    )
}

//替换普通构造函数
func replaceInitFunc(outPutType: OutPutType, funcDel: NodeFormat_FuncDecl, funcName: Token):
Tokens {
    let funcParamList = funcDel.getParamList().getParams()
    var macroPreLog = buildPreExecOriFuncLogTokens(funcName, funcParamList)

    let outPutToken = buildOutPutTokens(outPutType)

    let funcModify = funcDel.getModifiers()
    let funcBody = funcDel.getBody()

    return quote(
        $funcModify init ( $funcParamList)
        {
            $macroPreLog
            $outPutToken
            $funcBody
        }
    )
}
```

```
//替换普通函数
func replaceCommonFunc ( outPutType: OutPutType, oriFunc: Tokens, funcDel: NodeFormat _
FuncDecl, funcName: Token): Tokens {
    let funcParamList = funcDel.getParamList().getParams()

    var macroPreLog = buildPreExecOriFuncLogTokens(funcName, funcParamList)

    var callOriFunc = buildCallOriFuncTokens(funcName, funcParamList)

    var macroAfterLog = buildAfterExecOriFuncLogTokens()

    let outPutToken = buildOutPutTokens(outPutType)

    let funcModify = funcDel.getModifiers()
    let funcReturn = funcDel.getType()

    let newFuncDef = buildNewFuncDefine(funcModify, funcName, funcParamList, funcReturn)
    return quote(
        $newFuncDef
        {
           func $funcName( $funcParamList)
           {
               $(funcDel.getBody())
           }

           $macroPreLog
           $callOriFunc
           $macroAfterLog
           $outPutToken
           return result
        }
    )
}

//替换原始函数
func replaceOriFunction(outPutType: OutPutType, oriFunc: Tokens): Tokens {
    let funcDel = parseFuncDecl(oriFunc)
    let funcName = funcDel.getIdentifier()

    if (funcName.value.equals(INIT_FUNC_NAME)) {
        replaceInitFunc(outPutType, funcDel, funcName)
    } else {
        replaceCommonFunc(outPutType, oriFunc, funcDel, funcName)
    }
```

```
}

//输出类型
enum OutPutType {
    CONSOLE | LOGFILE | ALL
}
```

如果位于 src 目录下，则编译宏定义代码的命令如下：

```
cjc cradle\macro_cradle_extra.cj --output-type=dylib -o cradle.dll
```

该命令成功执行后将会生成 cradle.dll 动态链接库文件。

6. 宏调用说明

宏调用代码文件位于 src 目录下，名称为 biz_demo_extra.cj，代码如下：

```
//Chapter12/biz_demo/src/biz_demo_extra.cj

import cradle.*
from std import time.*
from std import collection.*
from std import fs.*
from std import io.*
from std import os.posix.*

@Cradle
main(): Unit {
    //模拟登录
    if (!login("admin", "qD@0532")) {
        println("用户名或者密码错误!")
        return
    }

    //添加图书
    let book = Book("仓颉语言实战")

    //模拟入库
    book.input(88)

    //模拟出库
    book.output(66)
```

```
    //查看库存
    println(book.stock)
}

//登录
func login(userName: String, password: String): Bool {
    let user = User.getUserByUserName(userName)
    return user.passwd == password
}

//用户
@Cradle[console|logfile]
public class User {
    public User(var userId: Int64, var userName: String, var passwd: String) {}

    //根据用户名称查找用户信息
    public static func getUserByUserName(userName: String) {
        return User(1, userName, "qD@0532")
    }
}

@Cradle[console|logfile]
public class Book {
    public Book(var bookName: String, var stock: Int64) {}

    public init(bookName: String) {
        this.bookName = bookName
        this.stock = 0
    }

    //入库
    public func input(count: Int64) {
        this.stock += count
        return stock
    }

    //出库
    public func output(count: Int64) {
        this.stock -= count
        return stock
    }
}
```

在这段示例代码中，对 main 函数及 class User、class Book 使用了宏标记，编译运行该示例的命令及回显如下：

```
cjc biz_demo_extra.cj --macro-lib=.\cradle.dll
main.exe
----------------- Function Name : getUserByUserName ---------------
Call time :2023-03-05T12:28:34Z
Parameter list:
userName:admin
End Call time :2023-03-05T12:28:34Z
----------------------------------------------

----------------- Function Name : init ---------------
Call time :2023-03-05T12:28:34Z
Parameter list:
bookName:仓颉语言实战

----------------- Function Name : input ---------------
Call time :2023-03-05T12:28:34Z
Parameter list:
count:88
result:88
End Call time :2023-03-05T12:28:34Z
----------------------------------------------

----------------- Function Name : output ---------------
Call time :2023-03-05T12:28:34Z
Parameter list:
count:66
result:22
End Call time :2023-03-05T12:28:34Z
----------------------------------------------

22
```

可以看到，两个 class 的成员函数在被调用时都成功地输出了运行日志；再看一下日志文件，本次生成的日志文件的名称为 20230305.log，该文件的内容如下：

```
----------------- Function Name : getUserByUserName ---------------
Call time :2023-03-05T12:28:34Z
Parameter list:
userName:admin
End Call time :2023-03-05T12:28:34Z
----------------------------------------------
----------------- Function Name : init ---------------
```

```
Call time :2023 - 03 - 05T12:28:34Z
Parameter list:
bookName:仓颉语言实战
---------------- Function Name : input ---------------
Call time :2023 - 03 - 05T12:28:34Z
Parameter list:
count:88
result:88
End Call time :2023 - 03 - 05T12:28:34Z
----------------------------------------------
---------------- Function Name : output ---------------
Call time :2023 - 03 - 05T12:28:34Z
Parameter list:
count:66
result:22
End Call time :2023 - 03 - 05T12:28:34Z
----------------------------------------------
---------------- Function Name : main ---------------
Call time :2023 - 03 - 05T12:28:34Z
result:()
End Call time :2023 - 03 - 05T12:28:34Z
----------------------------------------------
```

在日志文件的最后部分可以看到，main 函数也记录了运行日志，它的返回值为 Unit 类型的实例，也就是一对圆括号。

图书推荐

书名	作者
仓颉语言实战(微课视频版)	张磊
仓颉语言核心编程——入门、进阶与实战	徐礼文
仓颉语言程序设计	董昱
仓颉程序设计语言	刘安战
仓颉语言极速入门——UI 全场景实战	张云波
HarmonyOS 移动应用开发(ArkTS 版)	刘安战、余雨萍、陈争艳 等
深度探索 Vue.js——原理剖析与实战应用	张云鹏
前端三剑客——HTML5+CSS3+JavaScript 从入门到实战	贾志杰
剑指大前端全栈工程师	贾志杰、史广、赵东彦
Flink 原理深入与编程实战——Scala+Java(微课视频版)	辛立伟
Spark 原理深入与编程实战(微课视频版)	辛立伟、张帆、张会娟
PySpark 原理深入与编程实战(微课视频版)	辛立伟、辛雨桐
HarmonyOS 应用开发实战(JavaScript 版)	徐礼文
HarmonyOS 原子化服务卡片原理与实战	李洋
鸿蒙操作系统开发入门经典	徐礼文
鸿蒙应用程序开发	董昱
鸿蒙操作系统应用开发实践	陈美汝、郑森文、武延军、吴敬征
HarmonyOS 移动应用开发	刘安战、余雨萍、李勇军 等
HarmonyOS App 开发从 0 到 1	张诏添、李凯杰
JavaScript 修炼之路	张云鹏、戚爱斌
JavaScript 基础语法详解	张旭乾
华为方舟编译器之美——基于开源代码的架构分析与实现	史宁宁
Android Runtime 源码解析	史宁宁
恶意代码逆向分析基础详解	刘晓阳
网络攻防中的匿名链路设计与实现	杨昌家
深度探索 Go 语言——对象模型与 runtime 的原理、特性及应用	封幼林
深入理解 Go 语言	刘丹冰
Vue+Spring Boot 前后端分离开发实战	贾志杰
Spring Boot 3.0 开发实战	李西明、陈立为
Vue.js 光速入门到企业开发实战	庄庆乐、任小龙、陈世云
Flutter 组件精讲与实战	赵龙
Flutter 组件详解与实战	[加]王浩然(Bradley Wang)
Dart 语言实战——基于 Flutter 框架的程序开发(第 2 版)	亢少军
Dart 语言实战——基于 Angular 框架的 Web 开发	刘仕文
IntelliJ IDEA 软件开发与应用	乔国辉
Python 量化交易实战——使用 vn.py 构建交易系统	欧阳鹏程
Python 从入门到全栈开发	钱超
Python 全栈开发——基础入门	夏正东
Python 全栈开发——高阶编程	夏正东
Python 全栈开发——数据分析	夏正东
Python 编程与科学计算(微课视频版)	李志远、黄化人、姚明菊 等

续表

书　名	作　者
HuggingFace 自然语言处理详解——基于 BERT 中文模型的任务实战	李福林
Diffusion AI 绘图模型构造与训练实战	李福林
图像识别——深度学习模型理论与实战	于浩文
数字 IC 设计入门(微课视频版)	白栎旸
动手学推荐系统——基于 PyTorch 的算法实现(微课视频版)	於方仁
人工智能算法——原理、技巧及应用	韩龙、张娜、汝洪芳
Python 数据分析实战——从 Excel 轻松入门 Pandas	曾贤志
Python 概率统计	李爽
Python 数据分析从 0 到 1	邓立文、俞心宇、牛瑶
从数据科学看懂数字化转型——数据如何改变世界	刘通
鲲鹏架构入门与实战	张磊
鲲鹏开发套件应用快速入门	张磊
华为 HCIA 路由与交换技术实战	江礼教
华为 HCIP 路由与交换技术实战	江礼教
openEuler 操作系统管理入门	陈争艳、刘安战、贾玉祥 等
5G 核心网原理与实践	易飞、何宇、刘子琦
Python 游戏编程项目开发实战	李志远
编程改变生活——用 Python 提升你的能力(基础篇・微课视频版)	邢世通
编程改变生活——用 Python 提升你的能力(进阶篇・微课视频版)	邢世通
编程改变生活——用 PySide6/PyQt6 创建 GUI 程序(基础篇・微课视频版)	邢世通
编程改变生活——用 PySide6/PyQt6 创建 GUI 程序(进阶篇・微课视频版)	邢世通
FFmpeg 入门详解——音视频原理及应用	梅会东
FFmpeg 入门详解——SDK 二次开发与直播美颜原理及应用	梅会东
FFmpeg 入门详解——流媒体直播原理及应用	梅会东
FFmpeg 入门详解——命令行与音视频特效原理及应用	梅会东
FFmpeg 入门详解——音视频流媒体播放器原理及应用	梅会东
精讲 MySQL 复杂查询	张方兴
Python Web 数据分析可视化——基于 Django 框架的开发实战	韩伟、赵盼
Python 玩转数学问题——轻松学习 NumPy、SciPy 和 Matplotlib	张骞
Pandas 通关实战	黄福星
深入浅出 Power Query M 语言	黄福星
深入浅出 DAX——Excel Power Pivot 和 Power BI 高效数据分析	黄福星
从 Excel 到 Python 数据分析：Pandas、xlwings、openpyxl、Matplotlib 的交互与应用	黄福星
云原生开发实践	高尚衡
云计算管理配置与实战	杨昌家
虚拟化 KVM 极速入门	陈涛
虚拟化 KVM 进阶实践	陈涛
HarmonyOS 从入门到精通 40 例	戈帅
OpenHarmony 轻量系统从入门到精通 50 例	戈帅
AR Foundation 增强现实开发实战(ARKit 版)	汪祥春
AR Foundation 增强现实开发实战(ARCore 版)	汪祥春